CONTENTS

無線通信&高周波設計全集
[1800頁収録CD-ROM付き]

- ■ 付属CD-ROMの使い方 ……………………………………………………… 2
- ■ CD-ROM収録記事一覧 ……………………………………………………… 4
- ■ 基礎知識
  - 無線通信を使いこなすための基礎知識
  - 第1章 無線通信の技術動向　野田光彦 ……………………………………… 14
- ■ 記事ダイジェスト
  - 無線LAN, Bluetooth, ZigBee…
  - 第2章 ディジタル無線通信 ………………………………………………… 26
  - AM/FM変調による送受信
  - 第3章 アナログ無線 ………………………………………………………… 32
  - 設計技術のアイデアと製品開発の実際
  - 第4章 開発手法 ……………………………………………………………… 35
  - 各種シミュレータの活用
  - 第5章 開発ツール …………………………………………………………… 38
  - 高周波に独特な技術と実用回路図集
  - 第6章 回路設計 ……………………………………………………………… 44
  - 無線通信システムや高周波回路設計で使えるLCRや半導体
  - 第7章 部品 …………………………………………………………………… 54
  - 基板のパターン設計やノイズ対策
  - 第8章 実装技術 ……………………………………………………………… 60
  - 空間を信号が伝送する仕組みと設計手法
  - 第9章 アンテナ ……………………………………………………………… 64
  - 高周波アナログ回路の応用と無線通信機器の製作
  - 第10章 設計事例 …………………………………………………………… 67
  - 高周波信号の測定方法とトラブル対策
  - 第11章 検証 ………………………………………………………………… 72
  - 信号の特性や電磁気理論，法規制
  - 第12章 高周波設計入門 …………………………………………………… 75

付属CD-ROMの使い方

本書には，記事PDFを収録したCD-ROMを付属しています．

●ご利用方法

本CD-ROMは，自動起動しません．WindowsのExplorerでCD-ROMドライブを開いてください．

CD-ROMに収録されているindex.htmファイルを，Webブラウザで表示してください．記事一覧のメニュー画面が表示されます（図1）．

記事タイトルをクリックすると，記事が表示されます．Webブラウザ内で記事が表示された場合，メニューに戻るときにはWebブラウザの戻るボタンをクリックしてください．

各記事のPDFファイルは，RF_pdfフォルダに収録されています．所望のPDFファイルをPDF閲覧ソフトウェアで直接開くこともできます．

本CD-ROMに収録されているPDFの全文検索ができます．検索するには，CD-ROM内のRF_search.pdxをダブルクリックします．Adobe Readerが起動し，検索ウインドウが開くので，検索したい用語を入力します．結果の一覧から表示したい記事を選択します（図2）．

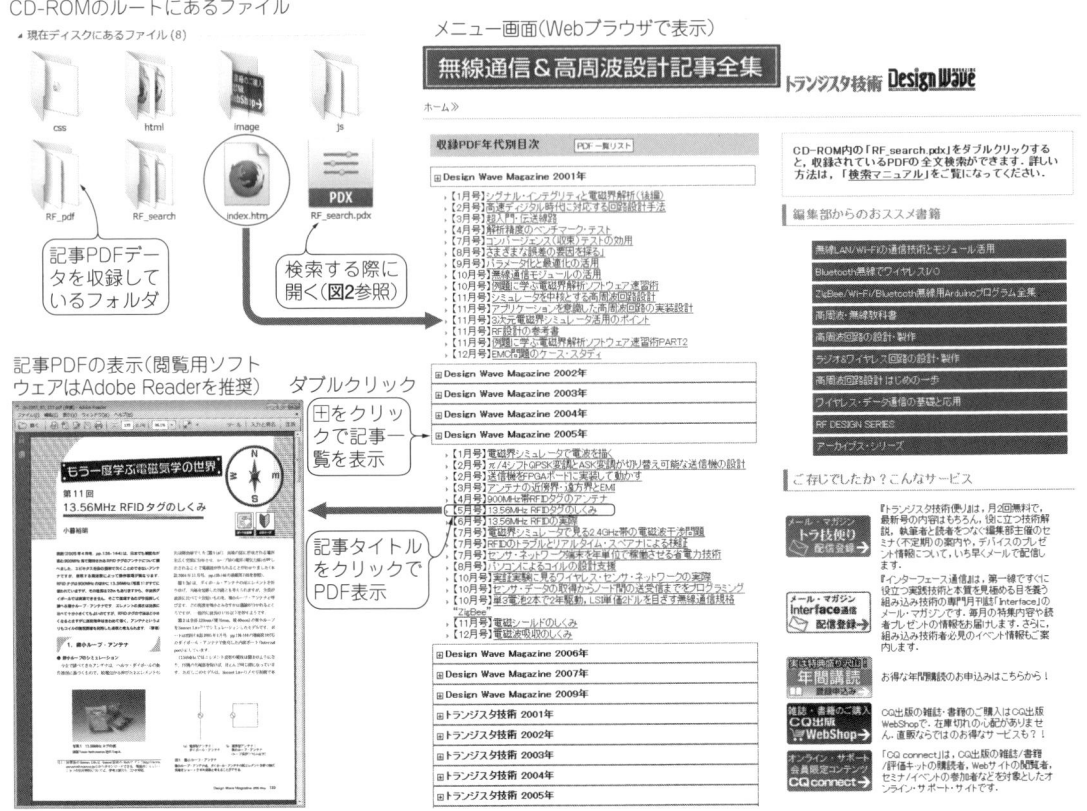

図1 記事PDFの表示方法

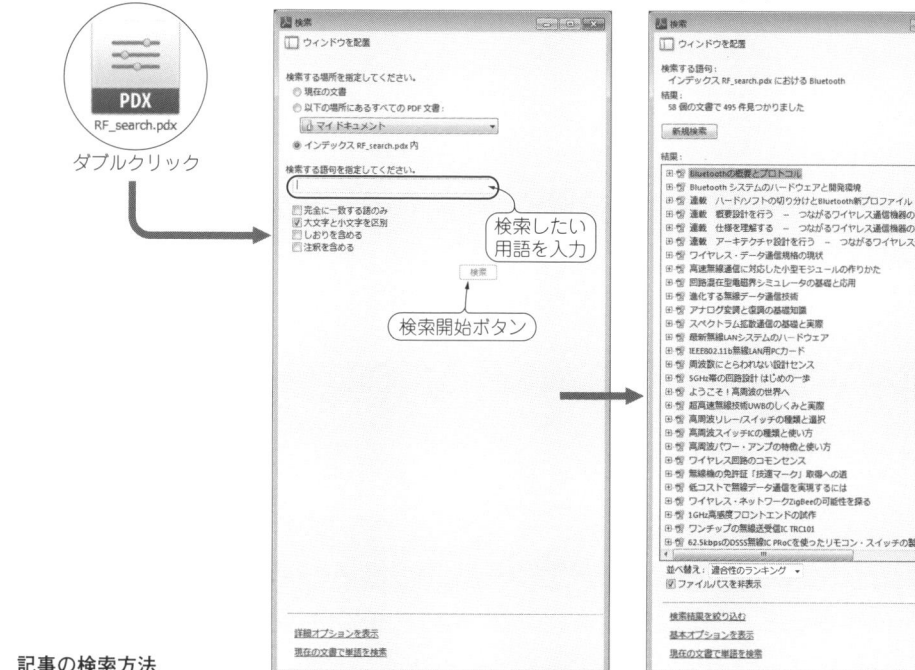

図2　記事の検索方法

●利用に当たってのご注意
（1）CD-ROMに収録のPDFファイルを利用するためには，PDF閲覧用のソフトウェアが必要です．PDF閲覧用のソフトウェアは，Adobe社のAdobe Reader最新版のご利用を推奨します．Adobe Readerの最新版は，Adobe社のWebサイトからダウンロードできます．
　Adobe社のWebサイト　http://www.adobe.com/jp/
（2）ご利用のパソコンやWebブラウザの環境（バージョンや設定など）によっては，メニュー画面の表示が崩れたり，期待通りに動作しない可能性があります．その際は，PDFファイルをPDF閲覧ソフトウェアで直接開いてください．各記事のPDFファイルは，CD-ROMのRF_pdfフォルダに収録されています．なお，メニュー画面は，Windows 7のInternet Explorer 11，Firefox 37，Chrome 42，Opera 28による動作を確認しています．
（3）メニュー画面の中には，一部Webサイトへのリンクが含まれています．Webサイトをアクセスする際には，インターネット接続環境が必要になります．インターネット接続環境がなくても記事PDFファイルの表示は可能です．
（4）記事PDFの内容は，雑誌掲載時のままで，本書の発行に合わせた修正は行っていません．このため記事の中には最新動向とは異なる説明が含まれる場合があります．また，社名や連絡先が変わっている場合があります．
（5）著作権者の許可が得られないなどの理由で，記事の一部を削除していることがあります．この場合，一部のページのみ用紙サイズが異なっていたり，ページの一部または全体が白紙で表示されたりすることがあります．

●PDFファイルの表示・印刷に関するご注意
（1）ご利用のシステムにインストールされているフォントの種類によって，文字の表示イメージは雑誌掲載時と異なります．また，一部の文字（人名用漢字，中国文字など）は正しく表示されない場合があります．
（2）雑誌では回路図などの図面に特殊なフォントを使用していますので，一部の文字（例えば欧文のIなど）のサイズがほかとそろわない場合があります．
（3）雑誌ではプログラム・リストやCAD出力の回路図などの一部をスキャナによる画像取り込みで掲載している場合があります．また，印刷とPDFでは，解像度が異なります．このため，画像等の表示・印刷は細部が見にくくなる部分があります．
（4）PDF化に際して，発行時点で確認された誤植や印刷ミスを修正してあります．そのため，行数の増減などにより，印刷紙面と本文・図表などの位置が変更されている部分があります．
（5）Webブラウザなど，ほかのアプリケーションの中で表示するような場合，Adobe Reader以外のPDF閲覧ソフトウェア（表示機能）が動作している場合があります．Adobe Reader以外のPDF閲覧ソフトウェアでは正しく表示されないことが考えられます．Webブラウザ内で正しく表示されない場合は，Adobe Readerで直接表示してみてください．
（6）古いバージョンのPDF閲覧ソフトウェアでは正しく表示されないことが考えられます．Windows 7のAdobe Reader 11による表示を確認しています．

●本書付属CD-ROMについてのご注意
　本書付属のCD-ROMに収録されたプログラムやデータなどは，著作権法により保護されています．従って，特別な表記のない限り，付属CD-ROMを貸与または改変，個人で使用する場合を除き，複写・複製（コピー）はできません．また，付属CD-ROMに収録したプログラムやデータなどを利用することにより発生した損害などに関して，CQ出版社および著作権者は責任を負いかねますのでご了承ください．

無線通信＆高周波設計記事全集

CD-ROM収録記事一覧

本書付属CD-ROMには，トランジスタ技術，Design Wave Magazine 2001年1月号から2010年12月号までに掲載された記事のPDFファイルが収録されています．ただし，著作権者の許可を得られなかった記事や，無線通信や高周波設計に関する話題が含まれていても説明がほとんどない記事，今後の企画で収録予定の記事などは収録されていません．

本書付属CD-ROMに収録の記事は以下の通りです．収録記事の大部分については，第2章以降で，テーマごとに分類して概要を紹介しています．

■トランジスタ技術

掲載号	記事メイン・タイトル	シリーズ・タイトル	ページ数	PDFファイル名
2001年 1月号	SPDTスイッチ回路の設計	連載 高周波回路デザイン・ラボラトリ（第3回）	10	2001_01_294.pdf
2月号	SPDTスイッチの製作と評価	連載 高周波回路デザイン・ラボラトリ（第4回）	9	2001_02_284.pdf
3月号	ロー・ノイズ・アンプ回路の基礎	連載 高周波回路デザイン・ラボラトリ（第5回）	6	2001_03_297.pdf
4月号	ロー・ノイズ・アンプの設計	連載 高周波回路デザイン・ラボラトリ（第6回）	10	2001_04_318.pdf
5月号	マイクロ波や高密度実装回路などを実装状態で解析できる！ 回路混在型電磁界シミュレータの基礎と応用		16	2001_05_247.pdf
	MMICによるロー・ノイズ・アンプの製作	連載 高周波回路デザイン・ラボラトリ（第7回）	8	2001_05_277.pdf
6月号	HEMTによるロー・ノイズ・アンプの製作	連載 高周波回路デザイン・ラボラトリ（第8回）	8	2001_06_296.pdf
	アンテナ工学の良書	私の本棚から	1	2001_06_332.pdf
7月号	より多くのデータを高速に正確に伝えるために！ 進化する無線データ通信技術	特集 ディジタル無線データ通信（イントロダクション）	3	2001_07_184.pdf
	ワイヤレス通信の技術の基本中の基本！ アナログ変調と復調の基礎知識	特集 ディジタル無線データ通信（第1章）	6	2001_07_187.pdf
	最新ワイヤレス・データ通信システムの基礎技術 ディジタル変復調の基礎と実際	特集 ディジタル無線データ通信（第2章）	13	2001_07_193.pdf
	妨害に強く秘匿性の高いデータ伝送を可能にする スペクトラム拡散通信の基礎と実際	特集 ディジタル無線データ通信（第3章）	8	2001_07_206.pdf
	ディジタル変復調回路の実際と回路設計 最新無線LANシステムのハードウェア	特集 ディジタル無線データ通信（第4章）	13	2001_07_214.pdf
	全世界共通のワイヤレス通信規格 Bluetoothの概要とプロトコル	特集 ディジタル無線データ通信（第5章）	9	2001_07_227.pdf
	中速，小規模，小電力，安価な無線ネットワークを実現する Bluetoothシステムのハードウェアと開発環境	特集 ディジタル無線データ通信（第6章）	12	2001_07_236.pdf
	規制を守り最高のパフォーマンスを得るために 2.4GHz帯無線LANシステムの評価法のすべて	特集 ディジタル無線データ通信（第7章）	11	2001_07_248.pdf
	ミキサ回路の基礎	連載 高周波回路デザイン・ラボラトリ（第9回）	7	2001_07_275.pdf
8月号	IEEE802.11b無線LAN用PCカード	Inside Electronics（第8回）	3	2001_08_161.pdf
	ダブルバランスト・ミキサの動作実験	連載 高周波回路デザイン・ラボラトリ（第10回）	8	2001_08_273.pdf
9月号	アクティブ・ミキサの動作実験	連載 高周波回路デザイン・ラボラトリ（第11回）	8	2001_09_249.pdf
10月号	高周波発振回路の基礎	連載 高周波回路デザイン・ラボラトリ（第12回）		2001_10_262.pdf

掲載号	記事メイン・タイトル	シリーズ・タイトル	ページ数	PDFファイル名
11月号	高周波VCOの設計	連載 高周波回路デザイン・ラボラトリ（第13回）	9	2001_11_268.pdf
	マイクロ波回路設計に関するおすすめの書	私の本棚から	1	2001_11_332.pdf
12月号	高周波PLLの設計	連載 高周波回路デザイン・ラボラトリ	9	2001_12_247.pdf
2002年 1月号	簡単な回路で高周波電圧を測る 高周波プローブの製作	連載 作りながら学ぶ初めての高周波回路（第1回）	6	2002_01_135.pdf
2月号	世界最古の電子楽器を作ってみよう！ 「簡易テルミン」の製作	連載 作りながら学ぶ初めての高周波回路（第2回）	6	2002_02_131.pdf
	2.4GHz無線モジュールとUSBインターフェース・ブリッジで作る USBインターフェース無線システム		10	2002_02_275.pdf
3月号	携帯電話の電波を検知して動く！鳴く！ 「携帯ニャん」の製作	連載 作りながら学ぶ初めての高周波回路（第3回）	6	2002_03_131.pdf
	周波数にとらわれない設計センス	連載 高周波センスによるアナログ設計（第1回）	10	2002_03_239.pdf
4月号	小型メータの振れで金属の種類もわかるPLL方式 金属探知機の製作	連載 作りながら学ぶ初めての高周波回路（第4回）	6	2002_04_131.pdf
	PIN/可変容量/ショットキー・バリアの使い方を実験で徹底攻略！ 高周波ダイオードの基礎と応用	特集 ダイオード/トランジスタ完全理解（第2章）	14	2002_04_161.pdf
	3M～3GHz帯の信号増幅とRFスイッチを学ぶ 高周波トランジスタの基礎と回路設計	特集 ダイオード/トランジスタ完全理解（第5章）	11	2002_04_205.pdf
	SiGeヘテロ接合トランジスタ誕生	特集 ダイオード/トランジスタ完全理解（Appendix）	1	2002_04_216.pdf
	電力伝送の基本テクニック「整合」	連載 高周波センスによるアナログ設計（第2回）	8	2002_04_252.pdf
5月号	ゲート・ディップ・メータの製作	連載 作りながら学ぶ初めての高周波回路（第5回）	6	2002_05_107.pdf
	不整合時の伝送線路の信号のようす	連載 高周波センスによるアナログ設計（第3回）	8	2002_05_213.pdf
6月号	AM/FM放送やテレビ放送の音声を受信できる 超再生検波ラジオの製作	連載 作りながら学ぶ初めての高周波回路（第6回）	6	2002_06_115.pdf
	インピーダンス変換	連載 高周波センスによるアナログ設計（第4回）	9	2002_06_222.pdf
	高周波回路設計の良書	私の本棚から	1	2002_06_284.pdf
7月号	FMラジオに音声や音楽を飛ばす！ 2石FMワイヤレス・マイクの製作	連載 作りながら学ぶ初めての高周波回路（第7回）	6	2002_07_125.pdf
	スミス・チャートを使いこなす①	連載 高周波センスによるアナログ設計（第5回）	11	2002_07_231.pdf
8月号	ビデオ・デッキやテレビ・ゲームの画像を電波で飛ばす テレビ・トランスミッタの製作	連載 作りながら学ぶ初めての高周波回路（第8回）	6	2002_08_131.pdf
	スミス・チャートを使いこなす②	連載 高周波センスによるアナログ設計（第6回）	8	2002_08_241.pdf
9月号	簡単な回路でAMラジオに音声を飛ばす！ AMワイヤレス・マイクの製作	連載 作りながら学ぶ初めての高周波回路（第9回）	6	2002_09_107.pdf
	高周波パラメータ	連載 高周波センスによるアナログ設計（第7回）	10	2002_09_213.pdf
	ディジタル変復調の良書	私の本棚から	1	2002_09_276.pdf
10月号	ロジックICだけの簡単な発振器を使った 自転車ファインダの製作	連載 作りながら学ぶ初めての高周波回路（第10回）	6	2002_10_119.pdf
	高周波信号のスイッチ	連載 高周波センスによるアナログ設計（第8回）	9	2002_10_227.pdf
	IC応用回路と低周波＆高周波回路設計の入門書	私の本棚から	1	2002_10_288.pdf
11月号	QwikRadioチップ・セットMICRF102/011による 無線データ通信の実験（前編）	連載 作りながら学ぶ初めての高周波回路（第11回）	6	2002_11_111.pdf

掲載号	記事メイン・タイトル	シリーズ・タイトル	ページ数	PDFファイル名
11月号	高周波信号の検波とミキシング	連載 高周波センスによるアナログ設計(第9回)	11	2002_11_227.pdf
12月号	QwikRadioチップ・セットMICRF102/011による 無線データ通信の実験(後編)	連載 作りながら学ぶ初めての高周波回路(第12回)	6	2002_12_117.pdf
	高周波信号の増幅	連載 高周波センスによるアナログ設計(第10回)	12	2002_12_225.pdf
2003年 1月号	LCフィルタから高周波VCO 高周波デバイス実用回路集	特集 役に立つ実用回路 130(第4章)	17	2003_01_179.pdf
	ディスクリートで作る高周波増幅回路	連載 高周波センスによるアナログ設計(第11回)	10	2003_01_227.pdf
2月号	高周波増幅回路の負帰還技術	連載 高周波センスによるアナログ設計(第12回)	8	2003_02_217.pdf
3月号	実装とプリント・パターン設計	連載 高周波センスによるアナログ設計(第13回)	8	2003_03_227.pdf
5月号	チップ部品をインダクタとコンデンサの共振回路として考える 5GHz帯の回路設計 はじめの一歩		10	2003_05_243.pdf
6月号	ミリ・メートルで回路の性能が決まる! 高周波用プリント基板の設計ポイント	特集 はじめてのプリント基板設計(第6章)	10	2003_06_191.pdf
8月号	高周波信号をロスなく伝送するための基本テクニック これならわかる!インピーダンス・マッチングと分布定数		11	2003_08_211.pdf
9月号	小信号回路や送受信システムの不良原因と対策の実際 高周波回路のトラブル対策	特集 保存版★電子回路のトラブル対策(第5章)	21	2003_09_168.pdf
	通過特性,反射特性,NFなどの測定方法から測定用小物まで 高周波回路測定の基礎知識		9	2003_09_238.pdf
10月号	使用できる周波数限界を実験で確かめる 高周波におけるコンデンサの振る舞い	特集 コンデンサとコイルと回路の世界(第5章)	8	2003_10_157.pdf
	特徴を理解し回路に合ったものを選ぼう コイルの種類と特徴	特集 コンデンサとコイルと回路の世界(第7章)	8	2003_10_171.pdf
	コイルの性能を表すキーワード	特集 コンデンサとコイルと回路の世界(第7章 Appendix)	2	2003_10_178.pdf
	コイルが活躍する高周波回路あれこれ	特集 コンデンサとコイルと回路の世界(第8章 Appendix)	3	2003_10_185.pdf
	GHz帯におけるコイルのインピーダンスを実測する 高周波におけるコイルの特性実験	特集 コンデンサとコイルと回路の世界(第9章)	7	2003_10_188.pdf
	高周波回路のトラブル対策2題 1.水晶発振器の周波数がある温度でジャンプする 2.BPFを入れてあるのに2次高調波が減衰しない		2	2003_10_241.pdf
11月号	ようこそ!高周波の世界へ	特集 はじめての高周波回路設計(イントロダクション)	5	2003_11_118.pdf
	付録CD-ROMに収録した高周波回路&電磁界シミュレータの概要	特集 はじめての高周波回路設計(Appendix)	4	2003_11_123.pdf
	高周波回路の設計に役立つ良書	私の本棚から	1	2003_11_274.pdf
12月号	気になる超高周波デバイス! バイパス・スイッチ内蔵アンプIC MGA-72543		6	2003_12_263.pdf
2004年 1月号	標準規格,RFタグ,リーダ/ライタICのあらまし RFIDシステムとデバイスの実用知識		12	2004_01_193.pdf
2月号	電源と高周波回路で使われる電子部品の最新動向 高周波用電子回路の最新動向	プロフェッショナル講座 電子部品の最新動向と活用技術(第1回 第2章)	5	2004_02_102.pdf
3月号	良好な画像を受信するためのアンテナ,混合器,ブースターのしくみと役割 地上デジタル放送の受信システムの基礎知識		14	2004_03_203.pdf
5月号	精度10^{-13}の時刻情報をもつ電波を捕らえる 電波時計のしくみと受信回路の設計例		9	2004_05_221.pdf
	高周波電子電圧計のしくみ	連載 高周波測定のA to Z(第1回)	4	2004_05_244.pdf

掲載号	記事メイン・タイトル	シリーズ・タイトル	ページ数	PDFファイル名
5月号	帯域500M～2.5GHzのウィルキンソン2分配器 分布定数素子を使った1GHzベッセルLPF 中心周波数1GHz，3dB帯域500MHzの 　分布定数素子を使ったBPF コンデンサと分布定数素子を使った2.0GHz 　5次HPF 分布定数素子とコンデンサを組み合わせた 　中心周波数1.5GHz，帯域1GHzのBPF カットオフ周波数190MHzの50Ω系HPF	今月の定番・アイデア回路	4	2004_05_265.pdf
6月号	伝送速度100MHz以上を実現する将来の広帯域無線システムの姿 超高速無線技術UWBのしくみと実際		10	2004_06_197.pdf
	気になる超高周波デバイス！ 増幅もできるダウン・コンバータ IAM-91563		4	2004_06_237.pdf
	スプリアスの測定	連載 高周波測定のA to Z（第2回）	5	2004_06_241.pdf
7月号	スペクトラム・アナライザの使い方	連載 高周波測定のA to Z（第3回）	4	2004_07_242.pdf
	50Ω/75Ω併存の理由		2	2004_07_279.pdf
8月号	高周波リレー/スイッチの種類と選択	プロフェッショナル講座 電子部品の最新動向と活用技術（第7回）	10	2004_08_113.pdf
	通過特性の測定（前編）	連載 高周波測定のA to Z（第4回）	4	2004_08_255.pdf
9月号	通過特性の測定（後編）	連載 高周波測定のA to Z（第5回）	4	2004_09_235.pdf
	10dB@150M～400MHzの1石高周波アンプ MMICを使ったシンプルな2.4GHz帯低雑音アンプ HEMTを使ったNF 0.4dBの2.4GHz帯低雑音アンプ プリント・パターンで作る1.2GHz帯の分配器	今月の定番・アイデア回路	4	2004_09_273.pdf
10月号	アッテネータの定数設計表から増幅回路のマッチング設計資料まで 高周波回路 設計便利帳	特集 保存版★エレクトロニクス設計便利帳（第5章）	19	2004_10_186.pdf
	高周波電力の測定	連載 高周波測定のA to Z（第6回）	5	2004_10_246.pdf
11月号	高周波ケーブル＆コネクタの基礎と最新動向	プロフェッショナル講座 電子部品の最新動向と活用技術（第10回）	10	2004_11_121.pdf
	正弦波や変調波の周波数測定	連載 高周波測定のA to Z（第7回）	5	2004_11_247.pdf
12月号	定番高周波デバイス図鑑	特集 高周波デバイス実践活用法（カラー・プリビュー）	6	2004_12_116.pdf
	数GHzまでの信号を高速/低消費電力で切り替える 高周波スイッチICの種類と使い方	特集 高周波デバイス実践活用法（第1章）	8	2004_12_122.pdf
	メカニカルな接点で高周波信号を切り替える素子 高周波リレーの種類と使い方	特集 高周波デバイス実践活用法（第2章）	6	2004_12_130.pdf
	最新の小型高周波リレー	特集 高周波デバイス実践活用法（第2章 Appendix）	1	2004_12_136.pdf
	高いゲインと低雑音特性が得られるSiGe-HBT & GaAs-HEMT 高周波用トランジスタの実力と使い方	特集 高周波デバイス実践活用法（第3章）	11	2004_12_137.pdf
	少ない外付け部品で安定に動作する 高周波増幅用MMICの定番品とその使い方	特集 高周波デバイス実践活用法（第4章）	14	2004_12_148.pdf
	低ひずみで電力増幅し，安定した出力をアンテナに供給する 高周波パワー・アンプの特徴と使い方	特集 高周波デバイス実践活用法（第5章）	10	2004_12_162.pdf
	高周波信号を分配/合成するキー・パーツ ディバイダ/コンバイナの種類と使い方	特集 高周波デバイス実践活用法（第6章）	9	2004_12_172.pdf
	二つの周波数から和と差の周波数を得る ミキサの動作原理と実デバイスの特性	特集 高周波デバイス実践活用法（第7章）	6	2004_12_181.pdf
	安定した純粋度の高周波信号を生成する 高周波PLL用ICの使い方とトラブルシュート	特集 高周波デバイス実践活用法（第8章）	10	2004_12_187.pdf

掲載号	記事メイン・タイトル	シリーズ・タイトル	ページ数	PDFファイル名
12月号	反射特性の測定(その1)	連載 高周波測定のA to Z(第8回)	4	2004_12_233.pdf
2005年 1月号	反射特性の測定(その2)	連載 高周波測定のA to Z(第9回)	4	2005_01_241.pdf
2月号	FM受信機の感度測定	連載 高周波測定のA to Z(第10回)	5	2005_02_217.pdf
3月号	文字放送のしくみとチューナ/フィルタの製作	FM文字多重放送受信機の製作(前編)	7	2005_03_230.pdf
	AM受信機の感度測定	連載 高周波測定のA to Z(第11回)	4	2005_03_237.pdf
4月号	高調波ひずみとP_{1dB}の測定	連載 高周波測定のA to Z(第12回)	4	2005_04_233.pdf
	文字データを復調しパソコンに表示する	FM文字多重放送受信機の製作(後編)	8	2005_04_237.pdf
	ゲイン15dB, 雑音指数1.2dB@2GHzのLNAが作れる 低雑音高周波トランジスタ NESG2031M05の実力を見る		4	2005_04_245.pdf
5月号	IP_3の測定	連載 高周波測定のA to Z(第13回)	4	2005_05_221.pdf
6月号	広帯域アンプからVCO回路まで 広帯域&高周波回路の配線実例集	特集 プリント基板の配線術&実例集(第8章)	6	2005_06_170.pdf
7月号	直流と高周波信号を分離できるバイアス・ティー	連載 My tools!(第3回)	1	2005_07_292.pdf
8月号	HF~VHF帯とUHF~SHF帯に使われる部品の特徴をマスタしよう 高周波回路の電子部品選びコモンセンス	特集 電子部品選びのコモンセンスABC(第5章)	9	2005_08_164.pdf
	微弱無線局と電波法		3	2005_08_245.pdf
9月号	高調波を手軽に除去できる同軸型LPF	連載 My tools!(第5回)	1	2005_09_276.pdf
10月号	1GHz→2GHz周波数逓倍器 1GHz→3GHz周波数3逓倍器 0.9GHz~3.1GHz方向性結合器 アイソレーション特性の良い3GHz方向性結合器 信号の分配比を変えられる ラットレース・ハイブリッド 狭帯域の1GHzバンド・パス・フィルタ	トラ技サーキット・ライブラリ	3	2005_10_284.pdf
11月号	やってはいけない!発振&高周波回路設計	特集 やってはいけない!電子回路設計(第6章)	6	2005_11_181.pdf
	電波法に適合するソフトウェア無線機を作れる ワンチップ無線トランシーバIC CC1020		9	2005_11_203.pdf
12月号	フリーのスミス・チャート描画ツール Mr.Smith ver.3	連載 My tools!(第8回)	1	2005_12_276.pdf
2006年 1月号	変調のしくみからスイッチングによる振幅変調の実験まで AM送信機の製作(前編)	連載 PSoCマイコン活用講座(第8回)	7	2006_01_262.pdf
	5M~1GHzで使える1Wパワー・アンプ・アダプタ	連載 My tools!(第9回)	1	2006_01_276.pdf
2月号	変調のしくみからスイッチングによる振幅変調の実験まで AM送信機の製作(後編)	連載 PSoCマイコン活用講座(第9回)	8	2006_02_233.pdf
	無線でコントロールできる加速度計の製作	連載 R8C/15付録マイコン基板活用企画(第8回)	11	2006_02_248.pdf
	温度/圧力測定と125kHzワイヤレス通信の実験 アンプ&検波回路内蔵のワンチップ・マイコン μPD789863/4試用レポート		10	2006_02_259.pdf
3月号	送信機の製作	微弱電波によるワイヤレス・データ通信の実験製作(前編)	7	2006_03_215.pdf
	スーパーヘテロダイン方式のしくみから実装方法まで AM受信機の製作	連載 PSoCマイコン活用講座(第10回)	10	2006_03_252.pdf
	高周波測定に欠かせない3端子アダプタ	連載 My tools!(第11回)	1	2006_03_280.pdf

掲載号	記事メイン・タイトル	シリーズ・タイトル	ページ数	PDFファイル名
4月号	受信機の製作	微弱電波によるワイヤレス・データ通信の実験製作（後編）	8	2006_04_254.pdf
12月号	伝送速度62.5kbps，通信距離50mを実現できる **無線通信機能付きPSoC「PRoC」登場！**	連載 クローズアップ！ワンチップ・マイコン（第8回）	8	2006_12_185.pdf
2007年 5月号	空間でデータをやりとりする **ワイヤレス回路のコモンセンス**	特集 電子回路のコモンセンス（第2章）	10	2007_05_125.pdf
	スタンバイ消費20nA！ノイズの多い環境でも確実受信 **微弱電波受信IC MAX7042**	連載 ホット・デバイス・レポート	7	2007_05_233.pdf
11月号	**無線機の免許証「技適マーク」取得への道**	特集 初めてのワイヤレス・データ通信（Appendix）	5	2007_11_135.pdf
	1と0の信号を電波に乗せる **ディジタル変復調の実験**	特集 初めてのワイヤレス・データ通信（第4章）	8	2007_11_148.pdf
	高周波はパターン設計が重要	特集 初めてのワイヤレス・データ通信（Appendix）	1	2007_11_162.pdf
12月号	ZigBee/Bluetooth/無線LAN/WiMAX… **ワイヤレス・データ通信規格の現状**	テクノロジ・トレンド	10	2007_12_155.pdf
2008年 1月号	通信距離が数十kmの無線LANから数mの微弱無線まで **低コストで無線データ通信を実現するには**		6	2008_01_208.pdf
2月号	バッテリレスの無線タグ・システムを製作 **低消費電力マイコン PIC12F629**	ワンチップ・マイコン探訪	9	2008_02_184.pdf
3月号	バッテリで長時間動作する無線監視端末を設置する **ワイヤレス・ネットワークZigBeeの可能性を探る**	テクノロジ・トレンド	12	2008_03_159.pdf
4月号	GPS衛星の微弱電波を増幅しフィルタリング **1GHz高感度フロントエンドの試作**		10	2008_04_230.pdf
6月号	免許不要の微弱電波に適しに外付け部品が少ない **ワンチップ無線送受信IC TRC101**		9	2008_06_247.pdf
7月号	主要アナログ/ディジタル回路をPSoCで構成 **ラジオ時報で時刻を校正する 高精度ディジタル時計の製作**		9	2008_07_243.pdf
10月号	**19GHz帯のロー・ノイズ・アンプと 帯域100M～3GHzの可変ゲイン・アンプ**	連載 RFデバイス実用回路集（第1回）	4	2008_10_260.pdf
11月号	放送の仕様と受信機の構成，実機の内部 **地上ディジタル放送受信機のしくみ**	特集 地デジ受信機のしくみと応用製作（第2章）	4	2008_11_108.pdf
	RFアンプ，RFフィルタ，AGC，ミキサ，局部発振，IFフィルタで構成された **RFフロントエンドのしくみ**	特集 地デジ受信機のしくみと応用製作（第3章）	7	2008_11_112.pdf
	簡単に地デジの受信マージンを確認できる **ステップ・アッテネータの製作**	特集 地デジ受信機のしくみと応用製作（第9章）	5	2008_11_158.pdf
	MMICで簡単に試作できる！消費電力も少ない **地デジ用ワンチップUHFブースタの製作**	特集 地デジ受信機のしくみと応用製作（第11章）	6	2008_11_170.pdf
	帯域1M～10GHzの検波回路と 帯域50M～1GHzの1Wアンプ	連載 RFデバイス実用回路集（第2回）	4	2008_11_258.pdf
12月号	減衰量31dBのディジタル式と32dBのアナログ式 **GHz帯アッテネータ**	連載 RFデバイス実用回路集（第3回）	4	2008_12_262.pdf
2009年 1月号	**数GHz帯のオートマチック・レベル・コントロール回路とアンプ回路**	連載 RFデバイス実用回路集（第4回）	4	2009_01_270.pdf
2月号	**無線伝送のルールを理解し，複数の周波数に分けるメリットを理解する**	短期集中連載 図解☆OFDMのしくみ（第1回）	8	2009_02_164.pdf
	DC～数GHz帯の高速，大電力用スイッチ回路	連載 RFデバイス実用回路集（第5回）	4	2009_02_254.pdf
3月号	**「直交」という技術の意味を理解し，OFDMでの使われ方を理解する**	短期集中連載 図解☆OFDMのしくみ（第2回）	8	2009_03_186.pdf
4月号	**変調/復調の実際の計算処理と信号を補正する方法**	短期集中連載 図解☆OFDMのしくみ（第3回）	8	2009_04_154.pdf
	低損失スイッチ回路，変調回路とアップコンバータ	連載 RFデバイス実用回路集（第6回）	4	2009_04_246.pdf
5月号	**OFDMの変調と復調のしくみを理解し，メリットとデメリットを考える**	短期集中連載 図解☆OFDMのしくみ（第4回）	8	2009_05_182.pdf

掲載号	記事メイン・タイトル	シリーズ・タイトル	ページ数	PDFファイル名
5月号	アマチュア無線局を開局して無線通信ICを使ってみよう **62.5kbpsのDSSS無線IC PRoCを使ったリモコン・スイッチの製作**		10	2009_05_223.pdf
	モジュールを使ってマイコンを無線LANへ簡単接続！ **無線LAN変換器WiPortによる電子メール受信チェッカの製作**		8	2009_05_233.pdf
7月号	**FM送信機の製作プロジェクト**	エチオピア通信（第5回）	2	2009_07_238.pdf
8月号	シミュレーションで得た理想特性に近づけるために **高周波LCフィルタ基板設計の勘所**	連載 チャレンジ回路設計（第7回）	8	2009_08_165.pdf
	FM送信機用アンテナの製作と実験	エチオピア通信	2	2009_08_234.pdf
10月号	赤外線通信フォーマットの詳細と送受信回路の考え方 **ネットワークから制御できる学習型赤外線リモコンの製作**		9	2009_10_201.pdf
11月号	受信感度が高くて低ノイズ！ **ストレート方式長波ラジオの製作**		6	2009_11_183.pdf
12月号	**電気信号の伝わり方と反射，特性インピーダンスを理解する**	RF回路設計ワンランク・アップ	7	2009_12_180.pdf
	増幅度とノイズの見積もりおよびフィルタ設計が鍵！ **ディジタルFMチューナ向けアナログ・フロントエンドの製作**		12	2009_12_208.pdf
2010年 1月号	フリーの高周波シミュレータ **Ansoft Designer SV試用レポート**	RF回路設計ワンランク・アップ	13	2010_01_189.pdf
5月号	伝送線路の特性インピーダンスからPLLの位相雑音まで **高速ディジタル伝送線路/高周波回路ほか**	特集 保存版 エレクトロニクス数式集	15	2010_05_132.pdf
8月号	分布定数回路の扱いが必要なGHz帯で挑む **チップ部品で集中定数設計！ 2.4GHz BPFの製作研究**		8	2010_08_183.pdf
12月号	マイコンのインターフェース規格から無線の規格まで **有線/無線通信ほか**	特集 エレクトロニクス比べる図鑑	11	2010_12_105.pdf

■Design Wave Magazine

掲載号	記事メイン・タイトル	シリーズ・タイトル	ページ数	PDFファイル名
2001年 1月号	線路の導体損失/三つの周波数帯 **シグナル・インテグリティと電磁界解析（後編）**	連載 電磁界解析ソフトで何がわかるか（第7回）	7	dw2001_01_135.pdf
2月号	分布定数世界と集中定数世界のトレードオフ **高速ディジタル時代に対応する回路設計手法**	特集 21世紀ハード設計者のトレードオフ問題（第1章）	21	dw2001_02_020.pdf
3月号	リアリティ・チェックの基礎知識 **超入門・伝送線路**	連載 電磁界解析ソフトで何がわかるか（第8回）	9	dw2001_03_138.pdf
4月号	リアリティ・チェックの基礎知識(2) **解析精度のベンチマーク・テスト**	連載 電磁界解析ソフトで何がわかるか（第9回）	6	dw2001_04_139.pdf
7月号	リアリティ・チェックの基礎知識(3) **コンバージェンス(収束)テストの効用**	連載 電磁界解析ソフトで何がわかるか（第10回）	7	dw2001_07_136.pdf
8月号	**さまざまな誤差の要因を探る**	連載 電磁界解析ソフトで何がわかるか（第11回）	5	dw2001_08_142.pdf
9月号	**パラメータ化と最適化の活用**	連載 電磁界解析ソフトで何がわかるか（第12回）	7	dw2001_09_144.pdf
10月号	2.4GHz帯を使用したワイヤレス・システムの構築例 **無線通信モジュールの活用**	特集 モジュール部品を活用した機器設計（第2章）	14	dw2001_10_051.pdf
	例題に学ぶ電磁界解析ソフトウェア速習術	連載 電磁界解析ソフトで何がわかるか（第13回）	9	dw2001_10_098.pdf
11月号	道具を使いこなすか，道具に使われるか **シミュレータを中核とする高周波回路設計**	特集 RF技術，ワイヤレス・ブームに乗って表舞台へ（第1章）	7	dw2001_11_036.pdf
	高周波ディジタルも高周波アナログも実装の本質は同じ **アプリケーションを意識した高周波回路の実装設計**	特集 RF技術，ワイヤレス・ブームに乗って表舞台へ（第3章）	6	dw2001_11_058.pdf
	ベンチマーク・テストで近似誤差をチェック **3次元電磁界シミュレータ活用のポイント**	特集 RF技術，ワイヤレス・ブームに乗って表舞台へ（第4章）	6	dw2001_11_064.pdf

掲載号	記事メイン・タイトル	シリーズ・タイトル	ページ数	PDFファイル名
11月号	RF設計の参考書	特集 RF技術，ワイヤレス・ブームに乗って表舞台へ（Appendix）	2	dw2001_11_070.pdf
	フル3Dモデル編 例題に学ぶ電磁界解析ソフトウェア速習術PART2	連載 電磁界解析ソフトで何がわかるか（第14回）	9	dw2001_11_072.pdf
12月号	テラビット・ルータのトラブル・シューティング事例 EMC問題のケース・スタディ	連載 電磁界解析ソフトで何がわかるか（第15回）	10	dw2001_12_126.pdf
2002年 1月号	Sonnet社の電磁界解析ソフトウェア「Sonnet Lite」 シリコン基板上のコイルとアンテナの電磁界を解析する	特集 無償ツールでハード＆ソフト開発の全工程を体験（第2章）	9	dw2002_01_046.pdf
3月号	パッケージやハウジングの共振問題 共振によるトラブルを探る	連載 電磁界解析ソフトで何がわかるか（第16回）	8	dw2002_03_129.pdf
4月号	ハウジング内に取り込まれる電磁エネルギ 共振によるトラブルを探る（その2）	連載 電磁界解析ソフトで何がわかるか（第17回）	8	dw2002_04_146.pdf
5月号	仕様を理解する	連載 つながるワイヤレス通信機器の開発手法（第1回）	6	dw2002_05_084.pdf
	意図しないアンテナを作っていないか？ 共振によるトラブルを探る（その3）	連載 電磁界解析ソフトで何がわかるか（第18回）	8	dw2002_05_126.pdf
6月号	製品機能を決める	連載 つながるワイヤレス通信機器の開発手法（第2回）	5	dw2002_06_116.pdf
	RFIDタグのアンテナを電磁界解析してわかること 共振周波数を自由にコントロールする	連載 電磁界解析ソフトで何がわかるか（第19回）	8	dw2002_06_134.pdf
7月号	概要設計を行う	連載 つながるワイヤレス通信機器の開発手法（第3回）	6	dw2002_07_117.pdf
	SonnetのABS（Adaptive Band Synthesis） 周波数領域の解析手法を高速化する	連載 電磁界解析ソフトで何がわかるか（第20回）	7	dw2002_07_148.pdf
8月号	小型ループ・アンテナのインピーダンス・マッチング方法	連載 電磁界解析ソフトで何がわかるか（第21回）	8	dw2002_08_159.pdf
9月号	ハードウェアとソフトウェアを切り分ける	連載 つながるワイヤレス通信機器の開発手法（第4回）	5	dw2002_09_140.pdf
	磁界を調べるとわかること（その1）	連載 電磁界解析ソフトで何がわかるか（第22回）	6	dw2002_09_146.pdf
10月号	磁界を調べるとわかること（その2）	連載 電磁界解析ソフトで何がわかるか（第23回）	7	dw2002_10_130.pdf
	ハード/ソフトの切り分けと Bluetooth新プロファイル	連載 つながるワイヤレス通信機器の開発手法（第5回）	10	dw2002_10_137.pdf
11月号	原理設計を行う ── 通信工学のおさらい	連載 つながるワイヤレス通信機器の開発手法（第6回）	9	dw2002_11_119.pdf
12月号	磁界を調べるとわかること（その3）	連載 電磁界解析ソフトで何がわかるか（第24回）	7	dw2002_12_144.pdf
2003年 2月号	続・原理設計を行う ── 通話の原理から通信を学ぶ	連載 つながるワイヤレス通信機器の開発手法（第7回）	5	dw2003_02_143.pdf
3月号	マイクロストリップ・フィルタのしくみを調べる（その1）	連載 電磁界解析ソフトで何がわかるか（第25回）	7	dw2003_03_127.pdf
4月号	アーキテクチャ設計を行う	連載 つながるワイヤレス通信機器の開発手法（第8回）	6	dw2003_04_155.pdf
5月号	GABMAC（測定と計算結果の一致） マイクロストリップ・フィルタのしくみを調べる（その2）	連載 電磁界解析ソフトで何がわかるか（第26回）	7	dw2003_05_115.pdf
6月号	開発・検証環境を整備する	連載 つながるワイヤレス通信機器の開発手法（第9回）	6	dw2003_06_145.pdf
7月号	ノイズの原理，基板設計，デカップリング素子「原理・原則」をまず理解する 高周波信号における ノイズの発生のメカニズムとその対策	特集2 高速ディジタル・ボードのノイズ対策（第1章）	6	dw2003_07_078.pdf
8月号	ASICを設計する（前編） ── 送信側のデータ処理の実装	連載 つながるワイヤレス通信機器の開発手法（第10回）	5	dw2003_08_145.pdf
9月号	信号の反射とクロストーク，バス接続の問題を完全理解 高速システム設計における分布定数回路の考えかた	特集1「ギガ」の壁を破るためのシステム設計基礎理解（第1章）	8	dw2003_09_040.pdf
	数百Mbpsを超えたら抵抗損と誘電損に要注意 高速システム設計における線路損失の考えかた	特集1「ギガ」の壁を破るためのシステム設計基礎理解（第2章）	8	dw2003_09_048.pdf

無線通信＆高周波設計記事全集

掲載号	記事メイン・タイトル	シリーズ・タイトル	ページ数	PDFファイル名
9月号	ASICを設計する(中編) ——エラー訂正回路とタイミング回路の実装	連載 つながるワイヤレス通信機器の開発手法(第11回)	6	dw2003_09_152.pdf
11月号	ASICを設計する(後編) ——CPUと周辺回路のインターフェース回路の実装	連載 つながるワイヤレス通信機器の開発手法(第12回)	7	dw2003_11_117.pdf
2004年 2月号	電磁気学がおもしろくなる方法	連載 もう一度学ぶ電磁気学の世界(第1回)	6	dw2004_02_119.pdf
	ファームウェアを設計する	連載 つながるワイヤレス通信機器の開発手法(第13回)	6	dw2004_02_140.pdf
3月号	高速ディジタル・システムで起こる問題と原因を知る GHzの世界をビジュアライズ	特集1 高速システムのインターコネクト設計基礎知識(第1章)	17	dw2004_03_020.pdf
	配線の周りの電界と磁界	連載 もう一度学ぶ電磁気学の世界(第2回)	8	dw2004_03_115.pdf
4月号	ファームウェアを設計する(その2) ——エラー制御と高周波制御を実現する方法	連載 つながるワイヤレス通信機器の開発手法(第14回)	7	dw2004_04_152.pdf
5月号	マクスウェル登場	連載 もう一度学ぶ電磁気学の世界(第3回)	8	dw2004_05_131.pdf
	プロトタイプを開発する	連載 つながるワイヤレス通信機器の開発手法(第15回)	8	dw2004_05_148.pdf
7月号	デバッグを行う	連載 つながるワイヤレス通信機器の開発手法(第16回)	7	dw2004_07_116.pdf
	ベクトルというハードルをクリアしよう	連載 もう一度学ぶ電磁気学の世界(第4回)	8	dw2004_07_132.pdf
9月号	マクスウェルの方程式のすべて	連載 もう一度学ぶ電磁気学の世界(第5回)	5	dw2004_09_120.pdf
10月号	市場に受け入れられる製品は何かを見極める	連載 つながるワイヤレス通信機器の開発手法(第17回)	5	dw2004_10_106.pdf
	空間を流れる？変位電流	連載 もう一度学ぶ電磁気学の世界(第6回)	8	dw2004_10_142.pdf
11月号	空間という名の伝送線路	連載 もう一度学ぶ電磁気学の世界(第7回)	8	dw2004_11_139.pdf
	Design Wave設計コンテスト2005 ディジタルFMレシーバ設計仕様書		7	dw2004_11_159.pdf
2005年 1月号	電磁界シミュレータで電波を描く	連載 もう一度学ぶ電磁気学の世界(第8回)	8	dw2005_01_128.pdf
2月号	ナイキスト・フィルタを共通化して回路規模を削減 $\pi/4$シフトQPSK変調とASK変調が切り替え可能な送信機の設計	特集 ソフトウェア無線をFPGAで実現する(第4章)	15	dw2005_02_078.pdf
	2005年1月号付属FPGA基板を使って動作を確認 送信機をFPGAボードに実装して動かす	特集 ソフトウェア無線をFPGAで実現する(第5章)	12	dw2005_02_093.pdf
3月号	アンテナの近傍界・遠方界とEMI	連載 もう一度学ぶ電磁気学の世界(第9回)	9	dw2005_03_088.pdf
4月号	900MHz帯RFIDタグのアンテナ	連載 もう一度学ぶ電磁気学の世界(第10回)	9	dw2005_04_136.pdf
5月号	13.56MHz RFIDタグのしくみ	連載 もう一度学ぶ電磁気学の世界(第11回)	8	dw2005_05_133.pdf
6月号	13.56MHz RFIDの実際	連載 もう一度学ぶ電磁気学の世界(第12回)	8	dw2005_06_133.pdf
7月号	メカニズムを理解すれば対策方法も見えてくる 電磁界シミュレータで見る 2.4GHz帯の電磁波干渉問題	特集1 電磁波干渉に負けない無線端末を作る(第2章)	9	dw2005_07_031.pdf
	RF信号とベースバンド信号の時間的相関を取りながら効率良く測定する RFIDのトラブルとリアルタイム・スペアナによる検証	特集1 電磁波干渉に負けない無線端末を作る(第3章)	8	dw2005_07_040.pdf
	メッシュ型トポロジと専用OSで消費電力を削減 センサ・ネットワーク端末を年単位で稼働させる省電力技術	特集1 電磁波干渉に負けない無線端末を作る(第5章)	6	dw2005_07_055.pdf
8月号	パソコンによるコイルの設計支援	連載 もう一度学ぶ電磁気学の世界(第13回)	8	dw2005_08_091.pdf

掲載号	記事メイン・タイトル	シリーズ・タイトル	ページ数	PDFファイル名
10月号	IEEE 802.15.4に準拠した無線モジュールと各種センサを果樹園に設置 **実証実験に見る ワイヤレス・センサ・ネットワークの実際**	特集1 車載＆無線センサ・ネットワークの設計（第3章）	6	dw2005_10_056.pdf
	センサ・ネット専用OSと拡張C言語による開発事例 **センサ・データの取得からノード間の送受信までをプログラミング**	特集1 車載＆無線センサ・ネットワークの設計（第4章）	16	dw2005_10_062.pdf
	メッシュ型トポロジでセンサ・ネットを実現 **単3電池2本で2年駆動，LSI単価2ドルを目ざす無線通信規格"ZigBee"**	特集1 車載＆無線センサ・ネットワークの設計（第5章）	7	dw2005_10_078.pdf
11月号	**電磁シールドのしくみ**	連載 もう一度学ぶ電磁気学の世界（第14回）	8	dw2005_11_079.pdf
12月号	**電磁波吸収のしくみ**	連載 もう一度学ぶ電磁気学の世界（第15回）	8	dw2005_12_123.pdf
2006年 1月号	**近傍界の電磁エネルギーを吸収する**	連載 もう一度学ぶ電磁気学の世界（第16回）	9	dw2006_01_119.pdf
2月号	**人体と電磁波（その1）**	連載 もう一度学ぶ電磁気学の世界（第17回）	7	dw2006_02_091.pdf
4月号	**人体と電磁波（その2）**	連載 もう一度学ぶ電磁気学の世界（第18回）	7	dw2006_04_087.pdf
5月号	**誘電体を活用する**	連載 もう一度学ぶ電磁気学の世界（第19回）	8	dw2006_05_123.pdf
6月号	**古くて新しい導波管に学ぶ**	連載 もう一度学ぶ電磁気学の世界（第20回）	8	dw2006_06_115.pdf
8月号	**さまざまな伝送線路と導波管の電磁界**	連載 もう一度学ぶ電磁気学の世界（第21回）	8	dw2006_08_067.pdf
9月号	**筐体内の電磁界とEMC問題（その1）**	連載 もう一度学ぶ電磁気学の世界（第22回）	8	dw2006_09_127.pdf
10月号	**筐体内の電磁界とEMC問題（2）**	連載 もう一度学ぶ電磁気学の世界（第23回）	9	dw2006_10_123.pdf
11月号	要求仕様やコストに見合った通信方式，部品，形状を選定する **高速無線通信に対応した小型モジュールの作りかた**	特集2 事例に学ぶ高速無線モジュール＆システム設計（第1章）	8	dw2006_11_082.pdf
	製品コンセプト，仕様決定の過程から実装・評価まで **UWB通信を利用した リアルタイム無線画像転送システムの開発**	特集2 事例に学ぶ高速無線モジュール＆システム設計（第2章）	8	dw2006_11_090.pdf
	無線特有のデータ解析方法とコンプライアンス・テストの概要 **Certified Wireless USB対応機器の検証の勘どころ**	特集2 事例に学ぶ高速無線モジュール＆システム設計（第3章）	16	dw2006_11_098.pdf
12月号	**システム設計と電磁気学**	連載 もう一度学ぶ電磁気学の世界（第24回）	8	dw2006_12_125.pdf
2007年 12月号	高速の無線データ伝送に使われる技術と規格の変遷を眺める **最近の無線通信動向と アダプティブ・アレイ・アンテナの技術**	特集2 ワイヤレス通信の効率を高める信号処理回路設計（第1章）	8	dw2007_12_080.pdf
	アクティブ・アンテナの基本動作を理解し，HDLで記述する **ディジタル・ビーム形成受信機のプロトタイプ設計**	特集2 ワイヤレス通信の効率を高める信号処理回路設計（第2章）	10	dw2007_12_088.pdf
	空間分割多重の信号処理をFPGAに実装する **スマート・アンテナのビーム・フォーミング技術**	特集2 ワイヤレス通信の効率を高める信号処理回路設計（第3章）	14	dw2007_12_098.pdf
	アレイ・アンテナを用いて電波の到来方向が分かる **到来方向推定システムの基礎と実装例**	特集2 ワイヤレス通信の効率を高める信号処理回路設計（第4章）	7	dw2007_12_112.pdf
2009年 2月号	Sonnet Software社の電磁界シミュレータ「Sonnet Lite」 **配線レイアウトの電磁界シミュレーションを体験する**	特集 無償ツールで設計効率の向上を体験Part2（第3章）	10	dw2009_02_034.pdf

無線通信＆高周波設計記事全集

| 基　礎　知　識 | 記事ダイジェスト | 記　事　一　覧 |

第1章　無線通信の技術動向

無線通信を使いこなすための基礎知識
野田　光彦

「無線」にはさまざまな規格があり，使用する周波数もさまざまです．また，電波法や認証まで絡んでくると，なじみのない技術者には，近寄りがたい技術分野，デバイスではないかと思います．そんな方々に，少しでも無線へのハードルを低くしてもらおうと思い，筆をとりました．

ここでは，無線通信の代表的な例を示すとともに，大分類します．その中で，近年ホットで，比較的取っつきやすい近距離無線通信として920MHz帯無線と2.4GHz帯無線について，少し掘り下げて解説します．さらに，これらについて，無線機器(セット)を開発する際の手順を説明し，モジュールの例について簡単に解説します．

無線の分類

● 放送系と近距離系に分けて考える

無線を使用した機器の種類は，放送系と近距離系に大別して考えると分かりやすくなります．

ここでは放送系を，基地局からの一斉報知で片方向通信という共通項で分類します．

● 放送系は通信距離が長いが受信者は免許が不要

ここで，身近にある無線システムを使用している無線周波数と通信距離をマッピングした**図1**を見てみましょう．

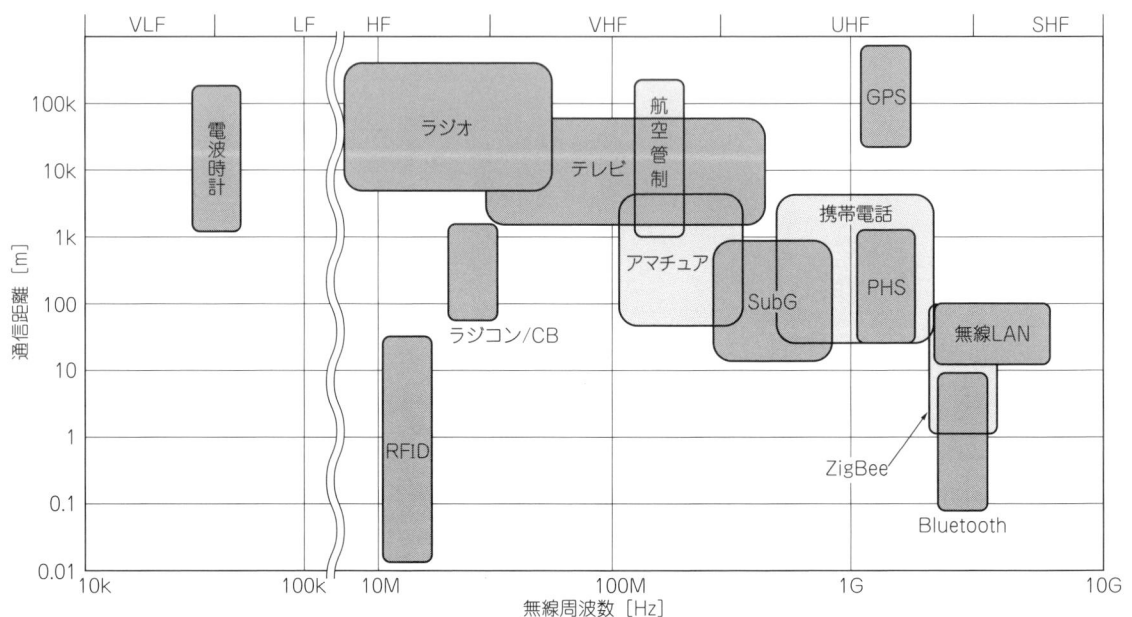

図1　無線通信の用途
無線周波数と通信距離で整理している．

表1 免許不要の無線局(小電力無線局)

小電力の特定の用途に使用する無線局の例	周波数帯 [Hz]	用 途	規 格
コードレス電話の無線局	250M, 380M		RCR STD-13
特定小電力無線局	315M, 400M, 900M, 1200M など	データ・ロガーなど	ARIB STD-T93(315M) ARIB STD-T67(400M/1200M) ARIB STD-T108(920M) など
小電力セキュリティ・システムの無線局	426M	ホーム・セキュリティ 火災警報器など	RCR STD-30
小電力データ通信システムの無線局	2.4G, 5.2〜5.4G	無線LAN, Bluetooth IEEE 802.15.4(ZigBee) など	ARIB STD-T66 RCR STD-33(WLAN) ARIB STD-T72(W1394)
ディジタル・コードレス電話の無線局	1.9G		RCR STD-28
PHSの陸上移動局	1.9G		RCR STD-28
狭域通信システムの陸上移動局	5.8G	ITS, ETC	RCR STD-T55(ETC) RCR STD-T75(DSRC)
5GHz帯無線アクセス・システムの陸上移動局	5.0G		ARIB STD-T70, 71
超広帯域無線システムの無線局	3〜4G, 7〜10G	UWB	ARIB STD-T91
700MHz帯高度道路交通システムの陸上移動局	700M		ARIB STD-T109

　放送系の無線システムは，総じて通信距離が長くなっていることが分かると思います．これは，放送局(基地局)からの送出電力が大きいことを意味します．これは，放送系の無線システムが，免許を必要とするシステムであることを物語っています．

　しかし，放送系システムは，基地局からの片方向通信であるため，無線通信の恩恵にあずかる消費者に，免許の所持を求めるものではありません．

● 免許が必要なものと不要なものでも分けられる

　無線機器には，免許が必要なものとそうでないものという分類もあります．その差は，空中線電力(送出電力に近似)の大きさです．当然，大きいものは免許が必要となります．

　無線システムの分類の基準として，免許の有無で線引きするというのも一つの方法です．

　日本国内で，免許が不要な無線局を表1にまとめてみました．

● 携帯電話は免許が必要だが消費者は意識しない

　ここで，最も普及している無線システムである携帯電話について，上記の条件を考えてみましょう．

　皆さんもご存じの通り，携帯電話システムは双方向通信です．この意味では，近距離系に分類されます．

　携帯電話システムは，その電波使用において免許が必要な無線システムです．しかし，皆さんが携帯電話の購入時に免許を取得した覚えはないはずです．実は，携帯電話キャリア(NTTドコモ，KDDI，ソフトバン

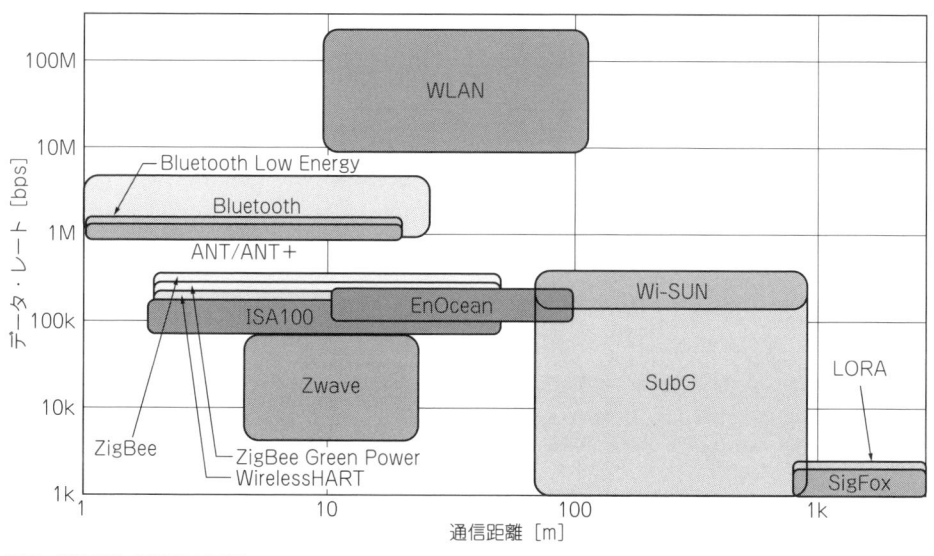

図2 近距離無線通信の種類

表2 近距離無線通信の概要

方　式	国際規格	通信プロトコル	周波数[Hz]	通信速度[bps]	通信距離[m]	消費電流(送受信時)[mA]	送信電力[mW]
Wi-Fi	IEEE 802.11	WiFi Alliance	5.6G 5.2G 2.4G	300M 54M 11M	100	300	30
Bluetooth	IEEE 802.15.1	Bluetooth SIG	2.4G	24M 3M 1M	20	35	2.5 1 100
Bluetooth Low Energy	IEEE 802.15.1	Bluetooth SIG	2.4G	1M	20	15	1(10)
ANT/ANT+	オリジナル	ANT Alliance	2.4G	1M	20	15	1
ZigBee	IEEE 802.15.4	ZigBee Alliance	2.4G 902M～928M 868M～870M	250k	50	20	1
ZigBee Green Power	IEEE 802.15.4	ZigBee Alliance	2.4G	250k	50	20(?)	1
Sub-GHz	IEEE 802.15.4	規定なし	150M～950M	100k	700	25	20 1
Z-wave	オリジナル	Z-wave Alliance	779M～956M	100k, 40k, 9.6k	30	30	1
WirelessHART	IEEE 802.15.4	HART Alliance	2.4G	250k	50	20	1
EnOcean	ISO/IEC 14543-3-10	EnOcean Alliance	315M, 868M 902M, 928.35M	125k	100	25	1

クモバイルなど)が，通信事業者として免許を取得しています．ここが電波の使用者一人一人が無線従事者免許を取得する必要があるアマチュア無線とは違う点です．

　実は，携帯電話システムは，本章の分類規則では，うまくカテゴライズできないシステムです．

　近年の無線機器を見ていると，携帯電話を除くと，表1に分類される近距離系の無線機器が多数を占めているように見えます．

近距離無線で何ができるか

　ここからは，近距離系の無線システム(以降，近距離無線)にフォーカスして話を進めましょう．

● 代表的な近距離無線

　近距離無線と分類される主な無線システムを図2に示します．近距離無線を大別すると，以下のようなものがあります．

- 高速伝送を得意とするWLAN
- 究極の短距離無線のANT
- 短距離無線でスマホ連携も得意とするBluetooth
- 日本ではあまりお目にかからないが，ワールドワイドで広く普及しているZigBee
- 1GHzの無線周波数で，多様な無線周波数と通信速度を実現できるSubGとその拡張システム

表3 ネットワーク・トポロジとアプリケーション例

方　式	ネットワーク・トポロジ	アプリケーション例
Wi-Fi	P2P, Star	スマートフォン，ゲーム機，パソコン
Bluetooth	P2P, Star	スマートフォン，ゲーム機，パソコン，ワイヤレス・レシーバ，ワイヤレス・マウス
Bluetooth Low Energy	P2P, Star	スマートフォン，血圧計，体温計，歩数計，サイクル・メータ，時計
ZigBee	P2P, Star Tree, Mesh	スマート・メータ，電灯，リモコン
Sub-GHz	P2P, Star Tree, Mesh	スマート・メータ，電灯，ホーム・ネットワーク，火災報知器
EnOcean	Star	物流センタ，工場，ビル・オートメーション，歴史的建造物

ネットワーク・トポロジ	特 徴
P2P Star	超汎用唯一のストリーム系
P2P Star	携帯電話との親和性No.1 音楽伝送可
P2P, Star	Bluetoothの低電力版
P2P Star	フィットネス＆スポーツ用途の規格 北米中心
P2P, Star Tree, Mesh	センサ・ネットワーク用途の規格
P2P, Star Tree(?) Mesh(?)	ZigBeeの低電力版 ハーベスト通信向け規格
P2P, Star Tree, Mesh	超汎用 各国まちまち 自由度大
Mesh	家庭内ネットワーク向け規格
Mesh, Start Mesh + Star	産業用に特化した規格
Star	ハーベスト通信に特化した規格

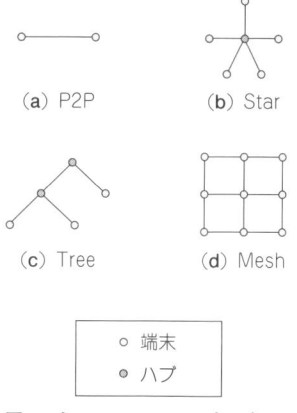

図3 ネットワーク・トポロジ

● 国際規格とネットワーク・トポロジの関係

近距離無線の一部について，無線システムの特徴をまとめたのが表2です．

ここで，国際規格とネットワーク・トポロジ（図3）の関係に注目してください．例えば，国際規格IEEE 802.15.1（Bluetooth，Bluetooth Low Energy）に注目すると，ネットワーク・トポロジはP2PとStarとなっています．これは，IEEE 802.15.1という規格をベースにすると，P2P（1対1）やStar（1対N）という比較的簡単なネットワーク構成しかとれないということを示しています．また，IEEE 802.15.4（ZigBee，ZigBee Green Power，Sub-GHz，WirelessHART）に目を移すと，P2P，Star，Tree，Meshとすべてのネットワーク構成が可能です．

● ネットワーク・トポロジとアプリケーションの関係

一方，ネットワーク・トポロジは，表3に示すように，アプリケーションと密接に関連しています．

これらのことから，スマート・メータに代表されるスマート・グリッドを実現しようとすると，広範囲において千単位の無線ノードをネットワーク化するために，マルチホッピングを使用したMesh型のネットワークが必要になります．Meshネットワークを実現するには，大規模ネットワークに対応することを前提に策定されたIEEE 802.15.4という無線規格が必要とな

るわけです．

近距離無線通信の規格

ここでは，数多ある近距離無線通信システムのうち，SubG無線と呼ばれる920MHz帯無線と2.4GHz帯無線としてBluetooth SMARTの無線規格に焦点を当てます．

● 通信で重要になるプロトコル・スタック

その第一歩として，非常に大事な知識である通信プロトコル・スタック（単にスタックとも呼ばれることも多い）について，少し触れたいと思います．表2の国際規格と通信プロトコルについてしっくりきていなければ，この節で理解していただきたいと思います．

図4は，通信（無線に限らない）接続を実現するための階層構造（仕事の種類）です．地層のように積み重なっているので，スタックと呼ばれています．

実はこの地層の組み合わせこそが，近距離無線の色を醸し出しているエッセンスです．この地層の組み合わせを理解することが，無線でやりたいことを実現するための重要なキーワードになります．

今回は紙面の都合から詳細には解説できませんが，本書付属CD-ROMに収録されたPDF記事の中にも解説があるので参照してください．

● スタックは組み合わせが重要

スタックは，SubGの場合，特に組み合わせが重要となります．ポーカーでいうと4カードとかストレートみたいなものと思ってください．

図4では，Wi-SUNは，IEEE 802.15.4g，IEEE 802.15.4e，6LowPAN，IPv6，ECHONET Liteの組み合わせとなっています．この組み合わせこそが，無線通信システムを一意に表現できるワードになります．また，下層のIEEE 802.15.4を共通ベースとしているので，ZigBee

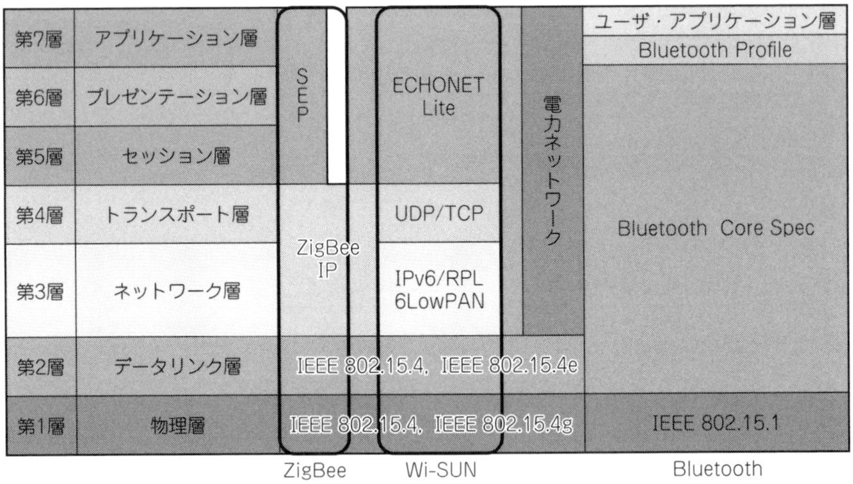

図4 プロトコル・スタック

やWirelessHARTは同様のネットワーク・トポロジに対応できるのです[注1]．

図4には，Bluetoothの例も示しています．Bluetoothは，スタックの組み合わせのバリエーションがなくてシンプルな構成です．IEEE 802.15.1というと，ほとんどの無線エンジニアはBluetoothを頭に思い浮かべることでしょう．

ここからは，2.4GHz帯無線の代表としてBluetooth SMART（Bluetooth Low Energyとも呼ばれる）とSubG無線の特徴について説明します．

Bluetooth SMARTの特徴

Bluetooth SMARTの特徴は，何といっても低消費電力です．ここでは，Bluetoothの過去バージョンと比較することで，その低消費電力化について説明します．これは，大きく2点あります．
① 無線仕様を緩くしたことによるRF回路規模の縮小
② 用途を限定したことによる通信スループット制限

● 無線仕様を緩くしたことによるRF回路規模の縮小

Bluetoothでは，規格バージョンによらず，使用周波数帯域はおおよそ80MHzです．Bluetoothの過去バージョンは79チャネル配置するのに対し，Bluetooth SMARTは40チャネルです．そのぶんBluetooth SMARTはチャネル当たりの帯域が広く，2MHz/チャネルとなっています．

一般に，同じデータ・レートでは，帯域が広い方が無線機としては回路構成が簡素化でき，低消費電力に向いています．例えば，IFフィルタの次数はBluetooth SMART LSIでは5次でよいのに対し，Bluetooth v2.x LSIでは6〜7次必要となっています[注2]．

変調方式がFSK（Frequency Shift Keying；周波数偏移変調）限定であることも，低消費電力化に貢献しています．消費電力に関しては，送信系ではパワー・アンプやVCO＋XOが，受信系では低ノイズ・アンプやVCO＋XOが，すなわち2.4GHzで動作する回路ブロックが圧倒的に占めています．このため，パワー・アンプや低ノイズ・アンプ，VCO＋XOの回路ブロックで消費電力を削減することが，低消費電力への近道といえます．中でもパワー・アンプの低消費電力化は，変調方式に大きく依存します．

Bluetooth規格では，EDR（Enhanced Data Rate）と呼ばれるスループットを向上するために拡張されたデータ・レート規格がありますが，変調方式がPSK（Phase Shift Keying；位相偏移変調）の一種であるQPSKとなっています．PSKでは，変調波形を正確に表現するために，送信ブロックで振幅を忠実に表現する必要があります．そのため，送信ブロックの最終段であるパワー・アンプには振幅に対するリニアな特性が要求され，消費電力が増加する傾向にあります．

一方，FSKでは，変調波は周波数の偏差で表現されるため，振幅に対する要求性能は緩く，リニアリティは要求されません．そのため，アナログ波形を再現しないスイッチング動作を使用したD級方式のアンプも採用される場合があります．

● 用途を限定したことによる通信スループット制限

2015年4月現在で策定済みのBluetooth規格の概要

注1 Wi-SUNは，2015年4月時点ではホッピング非対応で，P2Pネットワーク・トポロジにしか対応していない．
注2 ラピスセミコンダクタのBluetooth SMART LSI「ML7105」と同社のBluetooth v2.x対応品との比較．

表4 Bluetooth規格のバージョン

スペック・バージョン	最大実効速度（スループット）	通信速度（データ・レート）	参　考
1.X	723.2kbps	1Mbps	現在の商品なし
2.X	723.2kbps	1Mbps	普及バージョン
2.X + EDR	2178.1kbps	3Mbps	音声・音楽伝送拡張
3.X	723.2kbps	1Mbps	無線マウスに使用
3.X + EDR	2178.1kbps	3Mbps	-
3.X + HS	?	24Mbps	物理層はWLAN使用
4.X(X = 0, 1, 2)	28.8kbps	1Mbps	Bluetooth Low Energy

❶ Bluetooth（上位互換）
❷ Bluetooth Smart
❸ Bluetooth Smart Ready

を表4に示します．この表のデータ・レートとスループットを比較してみます．

　Bluetoothの基本規格は，データ・レートが1Mbpsです．過去のどの規格バージョンにおいても，ペイロード効率（スループットをデータ・レートで割ったもの）は約0.7となります．しかし，v4.X（スペック・バージョン4.X）のみが約0.2と極端に低いことに気付くかと思います．これこそが，Bluetooth SMARTが低消費電力であるゆえんです．

　もともとBluetooth SMARTは，無線センサ・ネットワークを主たるアプリケーションとするZigBeeやANTなどの低消費電力性に対抗して仕様策定されたものです．過去バージョンのBluetoothが，ハンズ・フリー通話や音楽用ワイヤレス・ヘッドホンなどの，連続データ伝送を主たるアプリケーションで普及し，市場認知されたのとは一線を画しています．

　Bluetooth SMARTが対象とするユース・ケースは非連続データの伝送であり，センシング・データ（温度，脈拍など）が挙げられます．これらのデータは，1回の送受信ペイロードは大きくなく，かつデータの特性としては，音声のような連続性がなく断片的な非連続性となるので，通信も断片的で問題ありません．

　例えば，センシング・データとして体温を例にとると，1バイト（256階調/32～42℃，分解能0.1℃）のデータを1分ごとに伝送すれば十分です．体温計プロファイルが実装されてタイム・スタンプを含んでも，最大パケット・サイズである27バイト（＝オクテット）以下のペイロードで十分であり，通信インターバルも1分に1回の送受信となります．

　この条件で，無線通信に掛かる平均消費電力は1μW程度となり（ラピスセミコンダクタのML7105の場合），小型のコイン電池（例えば，35mAhの容量のCR1220）でも4年の連続動作が可能となります．

　以上のように，センシング・データの伝送に用途を限定したことにより短パケット，長通信インターバルを実現でき，コイン電池で駆動できるまでの低消費電

力動作を実現しました．

SubG無線の特徴

　SubG無線の特徴は，カバー・エリアの広さです．この理由は，電波伝搬特性の良さとポッピングを用いた複雑な構成のMeshネットワークを構成可能な下位層（IEEE 802.15.4）にあります．

● 電波が伝搬しやすい

　無線周波数の違いによる回折特性の違いを図5に示します．

　回折現象は，電磁波が周波数に依存して光の特性を強く持つことに起因します．周波数が低いほど回折は大きくなります．図5によれば，2.4GHzの搬送波ではほぼ回折は起きず，直線で見通せるエリアにしか伝搬しないことが分かります．一方，950MHz[注3]の搬送波は，直線見通しから少なくとも50m，建造物の背後まで伝搬しているのが分かります．

　無線周波数の違いは，大気減衰にも影響があります．同じ送信出力，受信感度で900MHz帯と2.4GHz帯を比較して，約10倍の伝搬距離を確保できます．

● 複雑なネットワークを構成可能にした下位層

　複雑な構成のMeshネットワークを構成可能な下位層（IEEE 802.15.4）の特徴として，アドレス管理が挙げられます．特に，ホッピングを実現するにあたって必要なネットワーク・アドレスを有します．これは，図4の第2層に当たるデータリンク層をハンドリングするデータ・フレーム内にマウントされ，あて先アドレスと送り元アドレスを用いてユーザ・データを伝送します．

　この場合，送信無線機からあて先となる無線機が見

注3　ARIB STD-T108以前の測定データのため，920MHzの代替として用いている．

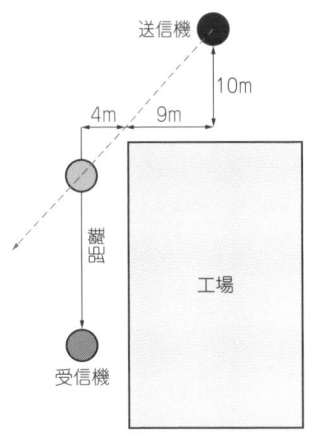

(a) 見通せない建物の陰から送信，建物の角から遠ざかりながら受信

距離 [m]	950MHz PER [%]	950MHz RSSI [dBm]	2.4GHz PER [%]	2.4GHz RSSI [dBm]
5.5	0	−61	0	−83
10	0	−79	96	−94
20	0	−73	100	−
30	0.2	−79	100	−
40	0	−82	100	−
50	0	−86	100	−

PER：Packet Error Rate；パケット・エラー率
RSSI：Received Signal Strength Indicator；受信信号強度

(b) 950MHz帯と2.4GHz帯の回析特性の比較事例（送信出力1mW）

図5 無線周波数による回析特性の違い
出典：「ZigBee Smart Profileの解説と日本の900MHz帯の動向」，ZigBee SIGジャパン，2011年．

表5 ネットワーク・トポロジとCPUリソース

ネットワーク・トポロジ		Star	Mesh
標準規格		WirelessM-BUS	独自
ホッピング		シングル	マルチ
アプリケーション例		欧州ガス／水道メータ	国内電力スマート・メータ
CPUリソース	コア周波数	8MHz以下	60MHz以下
	ROMサイズ	64Kバイト～128Kバイト	512Kバイト～2Mバイト
	RAMサイズ	6Kバイト～8Kバイト	128Kバイト～1Mバイト

えてない（電波伝搬範囲外）であっても，送信無線機から隣接する無線機をたどって，まるでバケツ・リレーのようにユーザ・データを伝えていきます．

無線のバケツ・リレーでは，人間のそれのように，あて先となる最終目的地が見えていません．見えないあて先について，バケツ・リレーの伝送ルートを確立するのは，さらに上位のネットワーク層によってなされます．

さて，**図4**によると，第3～4層においては無線通信システムに依存して，異なるプロトコルを使用しています．

大は小を兼ねる理論で，複雑なMeshネットワークに対応できるということは，Meshより簡単なネットワーク・トポロジにはすべて対応できることを意味します．これは，それぞれのネットワーク・トポロジに最適な無線システムが提唱されてきた（ネットワーク・トポロジの多様性が生み出されてきた）歴史の積み重ねです．

しかし近年，SubG無線デバイスにもRFシステムを包含するものが見られるようになってきました．これまでSoC化を阻んできたのは，ネットワーク・トポロジの多様性とネットワーク層より上位層が標準化されていなかったためです．しかし，ネットワーク層より上位層の標準化が進んだことで，SubG無線デバイスのSoCやSiPでの商品開発が行われはじめています．

● **ネットワーク・トポロジの多様性による影響**

ネットワーク・トポロジの多様性がSubG無線デバイスに与える影響について，一般的な指標として，ネットワーク・トポロジーを軸に，標準化規格例，代表的なアプリケーションから要求されるCPUリソースを**表5**にまとめました．

Meshネットワークでは，膨大なCPUリソースを必要とされることが見てとれます．この理由は，Meshネットワークが，マルチホッピングを実現したネットワークであるためです．

マルチホッピングの実現には，ルーティング・テーブルやネイバー・リストなどの管理情報をメモリに保持し，必要に応じて更新する必要があります．いわば，自局を中心したネットワークの見え方を常に理解しながらデータ伝送を実施するのです．このためMeshネットワーク（同時にマルチホッピングを実現）を構成する無線ノードには，比較的大きなサイズのRAMが必要となります．

表5のMeshネットワーク用CPUのメモリ・リソースにおいて，プログラム・サイズに対してメモリ・サ

イズが一般的なCPUより大きいということに気付きます．

無線機器の開発手順

ここでは，無線機器を作成（設計，試作し評価）する際に，行うべきことの概要を説明します．Bluetooth SMARTをベースに，モジュールを選定したところから行います．これは，これまで説明してきたように，Bluetooth SMARTのスタックが一意であるがゆえの解説の簡素さにあります．まずは，スキームとしてBluetooth SMARTについて理解することをお勧めします．

無線機器作成の手順は，以下の通りとなります．
① 使用するプロファイルの選定
② ファームウェア（プロファイル，アプリケーション・ソフト）開発
③ 電波法認証
④ アライアンス（SIG）認証

● プロファイル選定

プロファイル選定は，無線機器として何を実現したいか，どんなデータを伝送したいかを明確にするフェーズといえます．

何を実現するかによって，実装しなければならないプロファイルが決定されます．これは，Bluetooth SMARTを含むBluetoothに限ったことではなく，すべての無線システムに共通する事象です．いずれの無線システムであろうと，伝送するデータに応じたプロファイルの選定が必要となります．

Bluetooth SMARTの場合，表6に示すように，ターゲットとなる機器と1対1となるプロファイルが標準化されています．例えば，Bluetooth SMART対応の体温計を作りたいならば，HTP/HTS（Health Thermometer Profile/Service）は必須です．このHTP/HTSの中に，体温計として伝送すべきデータ，およびデータの構造が記載されています．これを逸脱すれば，他のBluetooth SMART準拠機器とは接続できません．

また，コイン電池で駆動する機器なら，BAS（Battery Service）も実装することが好ましいでしょう．これは，バッテリ残量を定期的にモニタできるプロファイルです．

● ファームウェア開発

ファームウェア開発では，選定したプロファイルやアプリケーション・ソフトウェアの開発を行います．無線機器を作る上で，技術的なスキルが必要となるフェーズです．

特にBluetooth SMARTにおいては，このフェーズの開発に必要なスキルのハードルが下がりつつあります．その最大の理由は，標準化の進展です．前述のプロファイルに関しても，標準化されているため特定のプラットホームに合わせて動作可能なソフトウェアとして供給される場合が多いためです．そうなると当然，通信にかかわるアプリケーション部分のファームウェアも，プロファイルをバインドした形で供給される傾向にあります．

Bluetooth SMARTに限らずとも，標準化の進展した無線システムを選択できる無線機器であれば，準備された（費用は必要かもしれない）ファームウェアを入手し，実装することでこのフェーズの開発を実現できます．

● 電波法認証

電波法とは国の法律であり，国内での電波の放射に関して一定の制限を設けたものです．その規制に適合しているかどうかの試験，登録（一部地域では割愛）が必要となります．日本以外でも国ごとに同様の規定があるため，無線機器を使用（販売）しようとする国・地域ごとに適合の有無が必要となります．

▶電波法認証を得られる単位（形態）

電波の放射にかかわる法規であるため，無線特性が一意に決定された単位（形態）でなければなりません．具体的には，アンテナを含んだ無線モジュールというのが認証の最小単位となります．無線LSIやアンテナを含まない無線モジュールの場合，無線特性，特に電波放射の特性が外付け定数やプリント基板の容量，アンテナのゲインに左右されるため，一意に決定されているとは判断されず認証単位として認められません[注4]．

▶何を（どんな項目を）試験するのか

電波法が，その国に存在する無線システムすべてを問題なく動作させる，ということを主眼にしているため，任意の無線機から放射される電波が他の無線システムや自無線システムの他の無線機に対して，邪魔な電波となっていないかを確認する必要があります．具体的には，送信パワーや占有帯域，スプリアス，隣接チャネル漏洩電力，変調精度などが，対象無線周波数において電波法の定める規格値に適合しているかです．

ちなみに，電波法による電波の放射制限は定常的なものに限らず，試験的なものでもその対象とされています．例えば，展示会でのデモンストレーションなども対象とされます．

● アライアンス認証

アライアンス認証の最大の目的は，相互接続性の確

注4　日本国内では，アンテナを含まない無線モジュールでも，アンテナを指定すれば，その組み合わせで一意な無線特性を有するものと判断される．

表6 Bluetooth SMART標準プロファイル

プロファイル名	略語	バージョン
Alert Notification Profile/Service	ANP/ANS	v1.0
Battery Service	BAS	v1.0
Blood Pressure Profile/Service	BLP/BLS	v1.0
Cycling Power Profile/Service	CPP/CPS	v1.0
Cycling Speed and Cadence Profile/Service	CSCP/CSCS	v1.0
Device Information Service	DIS	v1.1
Find Me Profile	FMP	v1.0
Glucose Profile/Service	GLP/GLS	v1.0
HID Over GATT Profile/HID Service	HOGP/HIDS	v1.0
Health Thermometer Profile/Service	HTP/HTS	v1.0
Heart Rate Profile/Service	HRP/HRS	v1.0
Immediate Alert Service	IAS	v1.0
Location and Navigation Profile/Service	LNP/LNS	v1.0
Phone Alert Status Profile/Service	PASP/PASS	v1.0
Proximity Profile/Link Loss Service/Tx Power Service	PXP/LLS/TPS	v1.0
Running Speed and Cadence Profile/Service	RSCP/RSCS	v1.0
Reference Time Update Service	RTUS	v1.0
Scan Parameters Profile/Service	ScPP/ScPS	v1.0
Time Profile/Current Time Service/Next DST Change Service	TIP/CTS/RTUS	v1.0
Automation Input/Output		PS
Battery Service v1.1		CR
Bond Management Service		v0.5
Continuous Glucose Meter		v0.9
Current Time Service v1.1		CR
Environmental Sensing		v0.9
High Accuracy Asset Tracking		use case
HTTP Proxy Service		v0.5
Immediate Alert Service v1.1		CR
Indoor Positioning		use case
Insulin Delivery		use case
LE Object Transer Protocol		use case
IPv6 Service		Feature
Proximity Profile/Link Loss Service/Tx Power Service v1.1		CR
Network Availability		V0.9
Personal Date Service		Feature
Pulse Oximeter		use case
Sensor Internet Protocol		Feature
Soft Command		use case
Tire Pressure Monitoring System		Feature
Weight Scale and Body Composition		use case

保です．

　無線システムの標準化が進行すると，複数のベンダから無線デバイスがリリースされることとなります．しかしそれらがお互いに接続可能なものであるかは，実際にユーザが使ってみるまで分からないとなると大混乱になります．このような状況を回避するために，各無線システムは，アライアンスによって相互接続性を厳しくチェックしています．

　Bluetooth SMARTでは，Bluetooth SIGというアライアンスで相互接続性の確認を行っています．ここでは，電波法認証と同じく無線システムへの適合試験と登録が必要となります．

　ただし，相互接続性を主たる目的としているため，試験項目はおのずと変わります．電波認証における試験が，主に送信にまつわる無線特性の確認であったのに対し，Bluetooth SIG認証では，受信の無線特性（物理層認証）や通信の始まり/終了に関する手順，再接続や通信フェーズ変更時に手順など上位層の動作も試

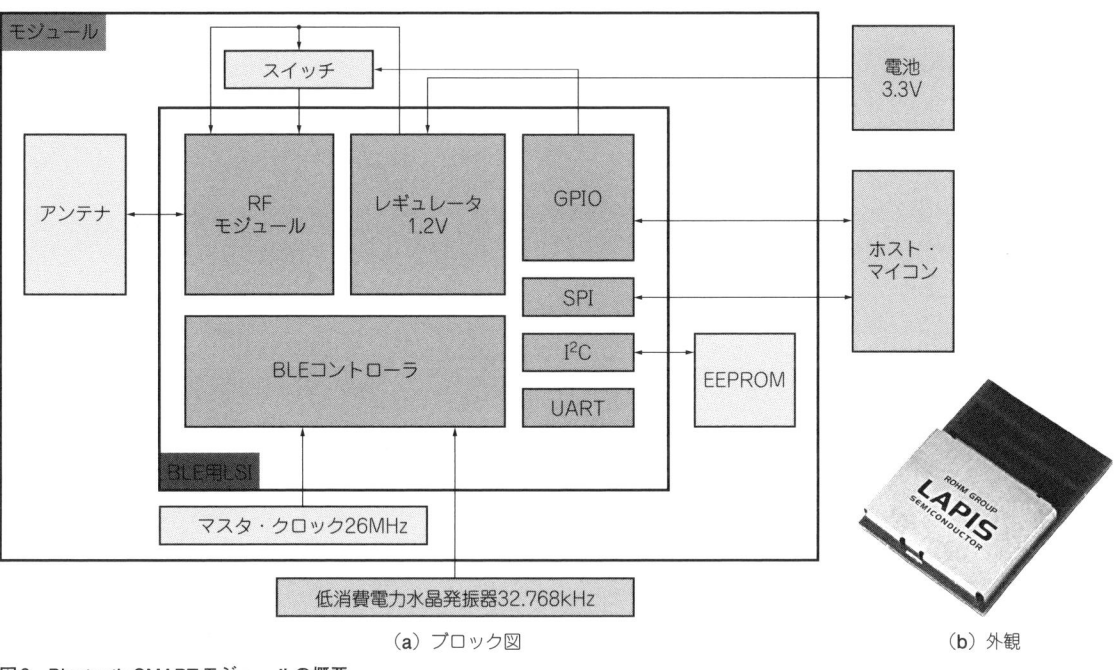

図6 Bluetooth SMART モジュールの概要
ラピスセミコンダクタの MK70150-03 の例を示す．BLE用LSI として ML7105 を搭載している．

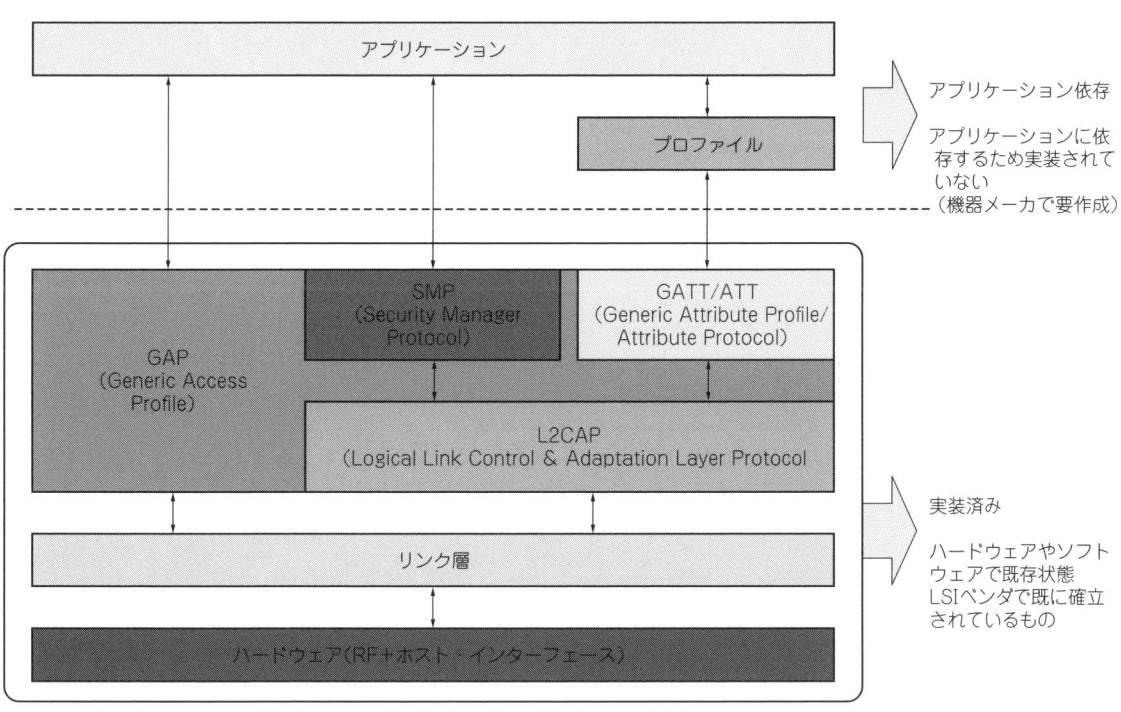

図7 Bluetooth SMART モジュールのプロトコル・スタック
ラピスセミコンダクタの MK70150-03 の例を示す．

験(プロトコル認証)が必要となります．
そして，無線特性の確認を行う以上，その一意性は電波法認証と同様に問われます．すなわち，アンテナを含む無線モジュールがアライアンス認証の最小単位となるのは，電波法認証と同様です．

無線モジュールの実際

ここでは，無線モジュールの例として，Bluetooth SMART と Wi-SUN のモジュールを例に，無線機器を作る上での概要を説明します．具体的には，前節で解説したプロファイル選定やファームウェア開発，電波法認証，アライアンス認証に関しての実施案件を説明します．

● Bluetooth SMART モジュール

Bluetooth SMART モジュールの例を**図6**に示します．Bluetooth SMART 対応 LSI をコアに持つため，その性能を踏襲することになります．

1枚の基板上に，LSI の動作に必要なマスタ・クロック生成用の水晶振動子や BD アドレスなどの無線デバイス情報を格納する EEPROM，アンテナとマッチング回路を内包することで，前述の電波法認証や Bluetooth SIG 認証を得ています．

また，プロトコル・スタックの面では，**図7**に示すように，最上層のアプリケーション層（**図4**参照）以外は実装済みなため，Bluetooth SIG のプロトコル認証を含めて取得しています．

無線機器の開発で，プロトコル認証と物理層認証を取得済みのパーツ（無線モジュール）を使用する場合，パーツで取得済みの認証登録番号（QDID）を参照するだけで，該当の認証試験が免除されます．同様に，電波法認証を取得済みの無線モジュールであれば，電波

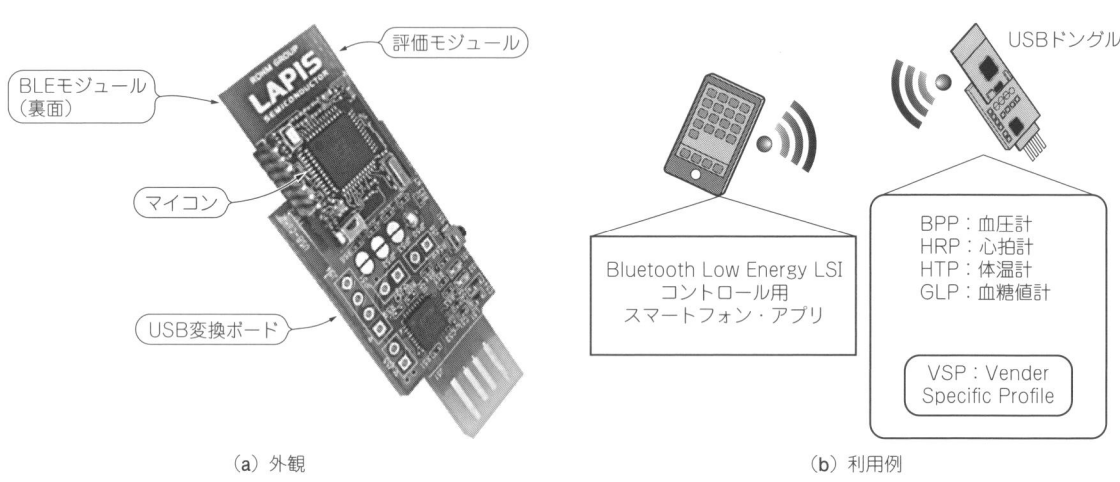

図8 Bluetooth SMART モジュールの評価キット
ラピスセミコンダクタの MK71050-03 USB-EK の例を示す．

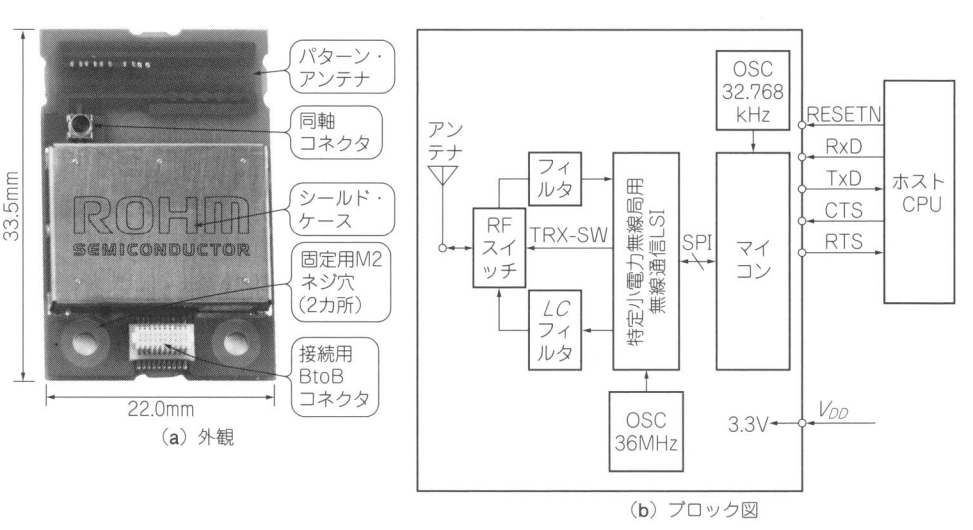

図9 Wi-SUN モジュールの概要
ロームの BP35A1 の例を示す．無線通信 LSI として，ML7396B を搭載している．

法認証の試験もその登録番号を参照することで免除されます．

このモジュールでは，アプリケーションとプロファイル（**図7**の上部）が含まれていません．このモジュールと組み合わせて使用するマイコンに実装し，動作させる必要があるためです．実際には，**図8**に示したような無線モジュールの評価キットに実装されたマイコンに，いくつかのプロファイルがサンプル・アプリケーションとともに実装されています．

無線機器の開発で評価キットを活用すると，添付されている（あるいはダウンロード可能な）評価ツールをパソコンにインストールし，評価ボードをパソコンに接続するだけで無線通信動作が可能となります．さらに，Bluetooth SMARTの大多数が接続するであろうスマートフォン側のサンプル・アプリケーションも準備されているので，スマートフォンとの接続評価も容易になります．

● Wi-SUNモジュール

Wi-SUN対応モジュールの例を**図9**に示します．

SubG無線LSIと，Wi-SUNのスタックを実装するのに十分な性能を有するCPUを搭載しています．Bluetooth SMARTモジュールと同様，無線動作にまつわる周辺部品やアンテナ周辺の回路も搭載しています．設計に手のかかる高周波部分の回路設計や基板設計の手間を大幅に削減できるとともに，電波法認証も取得済みです．

また，**図10**に示すように，Wi-SUNのプロトコル・スタックも実装済みです．UARTで接続された外部

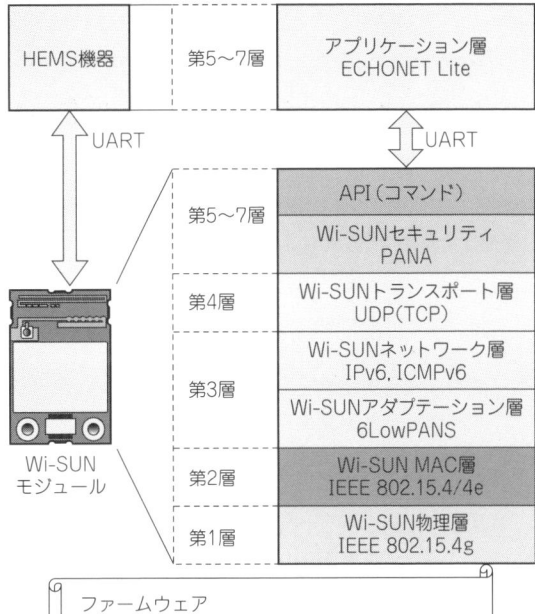

図10　Wi-SUNモジュールのプロトコル・スタック
ロームのBP35A1の例を示す．

CPUからコマンドを発行するだけで，Wi-SUN準拠のプロトコル動作が可能です．

のだ・みつひこ
ラピスセミコンダクタ㈱　無線通信ソリューション開発ユニット

第2章　ディジタル無線通信

無線LAN，Bluetooth，ZigBee…
編集部

　ここでは，BluetoothやZigBee，無線LANといったディジタル・システムで用いられる無線通信技術について解説した記事を紹介します．また，FM方式のようなもともとはアナログ変復調技術を用いた無線であっても，ディジタル処理によって実現しているものはここで取り上げています．

　本書付属CD-ROMにPDFで収録したディジタル無線通信に関する記事の一覧を表1に示します．

表1　ディジタル無線通信に関する記事の一覧（複数に分類される記事は，他の章で概要を紹介している場合がある）

記事タイトル	掲載号	ページ数	PDFファイル名
進化する無線データ通信技術	トランジスタ技術 2001年7月号	3	2001_07_184.pdf
アナログ変調と復調の基礎知識	トランジスタ技術 2001年7月号	6	2001_07_187.pdf
ディジタル変復調の基礎と実際	トランジスタ技術 2001年7月号	13	2001_07_193.pdf
スペクトラム拡散通信の基礎と実際	トランジスタ技術 2001年7月号	8	2001_07_206.pdf
最新無線LANシステムのハードウェア	トランジスタ技術 2001年7月号	13	2001_07_214.pdf
Bluetoothの概要とプロトコル	トランジスタ技術 2001年7月号	9	2001_07_227.pdf
Bluetoothシステムのハードウェアと開発環境	トランジスタ技術 2001年7月号	12	2001_07_236.pdf
2.4GHz帯無線LANシステムの評価法のすべて	トランジスタ技術 2001年7月号	11	2001_07_248.pdf
IEEE802.11b無線LAN用PCカード	トランジスタ技術 2001年8月号	3	2001_08_161.pdf
USBインターフェース無線システム	トランジスタ技術 2002年2月号	10	2002_02_275.pdf
ディジタル変復調の良書	トランジスタ技術 2002年9月号	1	2002_09_276.pdf
RFIDシステムとデバイスの実用知識	トランジスタ技術 2004年1月号	12	2004_01_193.pdf
地上デジタル放送の受信システムの基礎知識	トランジスタ技術 2004年3月号	14	2004_03_203.pdf
超高速無線技術UWBのしくみと実際	トランジスタ技術 2004年6月号	10	2004_06_197.pdf
ワイヤレス・データ通信規格の現状	トランジスタ技術 2007年12月号	10	2007_12_155.pdf
ワイヤレス・ネットワークZigBeeの可能性を探る	トランジスタ技術 2008年3月号	12	2008_03_159.pdf
地上ディジタル放送受信機のしくみ	トランジスタ技術 2008年11月号	4	2008_11_108.pdf
無線伝送のルールを理解し，複数の周波数に分けるメリットを理解する	トランジスタ技術 2009年2月号	8	2009_02_164.pdf
「直交」という技術の意味を理解し，OFDMでの使われ方を理解する	トランジスタ技術 2009年3月号	8	2009_03_186.pdf
変調/復調の実際の計算処理と信号を補正する方法	トランジスタ技術 2009年4月号	8	2009_04_154.pdf
OFDMの変調と復調のしくみを理解し，メリットとデメリットを考える	トランジスタ技術 2009年5月号	8	2009_05_182.pdf
有線/無線通信ほか	トランジスタ技術 2010年12月号	11	2010_12_105.pdf
ディジタルFMレシーバ設計仕様書	Design Wave Magazine 2004年11月号	7	dw2004_11_159.pdf
π/4シフトQPSK変調とASK変調が切り替え可能な送信機の設計	Design Wave Magazine 2005年2月号	15	dw2005_02_078.pdf
送信機をFPGAボードに実装して動かす	Design Wave Magazine 2005年2月号	12	dw2005_02_093.pdf
センサ・ネットワーク端末を年単位で稼働させる省電力技術	Design Wave Magazine 2005年7月号	6	dw2005_07_055.pdf
実証実験に見るワイヤレス・センサ・ネットワークの実際	Design Wave Magazine 2005年10月号	6	dw2005_10_056.pdf
センサ・データの取得からノード間の送受信までをプログラミング	Design Wave Magazine 2005年10月号	16	dw2005_10_062.pdf
単3電池2本で2年駆動，LSI単価2ドルを目ざす無線通信規格"ZigBee"	Design Wave Magazine 2005年10月号	7	dw2005_10_078.pdf

特集 ディジタル無線データ通信

(トランジスタ技術 2001年7月号)

全75ページ

無線データ通信の基本技術である変復調やスペクトラム拡散などの基礎から，無線通信システムの設計までを解説した特集です．

- **進化する無線データ通信技術(3ページ)**

携帯電話，Bluetooth，無線LAN，ITSについての概要を説明しています．

- **アナログ変調と復調の基礎知識(6ページ)**

ディジタル変復調を説明する前段階として，基本となるAM，FM変調の原理を解説しています．

- **ディジタル変復調の基礎と実際(13ページ)**

無線データ通信で使われるディジタル変復調の原理の解説と回路例の紹介をしています．

- **スペクトラム拡散通信の基礎と実際(8ページ)**

通信の秘匿性を高めたり，妨害に強くしたりするスペクトラム拡散技術の解説です．

- **最新無線LANシステムのハードウェア(13ページ)**

無線LAN端末(**写真1**)を例に，送受信回路やディジタル変復調回路を解説しています．

- **Bluetoothの概要とプロトコル(9ページ)**

Bluetoothに使われている通信技術の解説です．無線LANとの比較もあります．

- **Bluetoothシステムのハードウェアと開発環境(12ページ)**

Bluetoothモジュールの回路構成や使い方について解説しています(**図1**)．アプリケーション開発キットの紹介もあります．

- **2.4GHz帯無線LANシステムの評価法のすべて(11ページ)**

2.4GHz帯を使った無線通信にかかわる法規制や，技術適合証明を受けるために必要な試験の方法について解説しています．

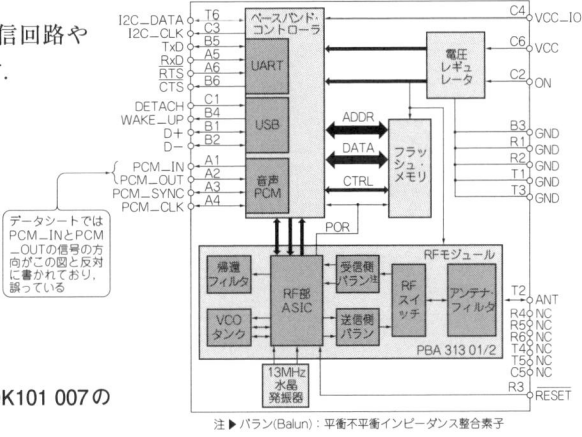

図1
BluetoothモジュールROK101 007のブロック図

注▶バラン(Balun)：平衡不平衡インピーダンス整合素子

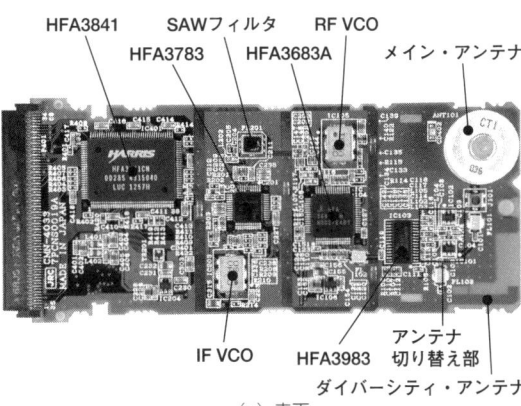

(a) 表面

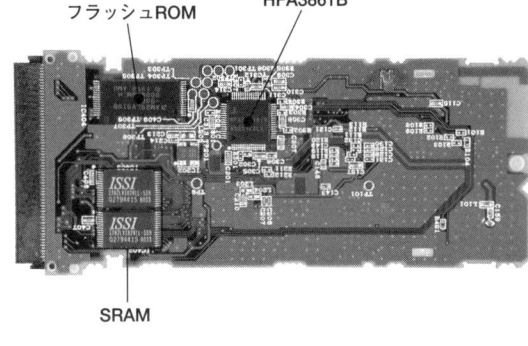

(b) 裏面

写真1　PCカード型無線LAN基板

IEEE802.11b 無線LAN用PCカード

（トランジスタ技術 2001年8月号） 3ページ

　無線LAN仕様の概要を説明した後，IEEE 802.11bに対応したPCカード型無線LANカード（**写真2**）の仕組みと技術について解説しています．

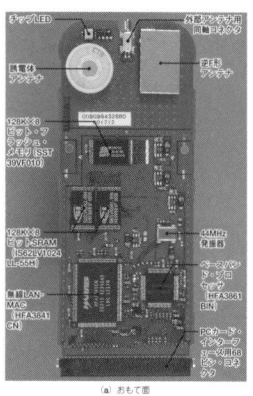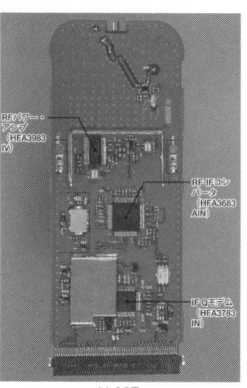

写真2　PCカード型無線LANカード

USBインターフェース 無線システム

（トランジスタ技術 2002年2月号） 10ページ

　無線通信モジュールの種類や使い分けなどを説明しています．無線モジュールの活用例として，パソコンのターミナル・ソフトウェアからUSBインターフェース（仮想COMポート）経由で無線モジュールを制御できるシステムの事例もあります（**写真3**）．

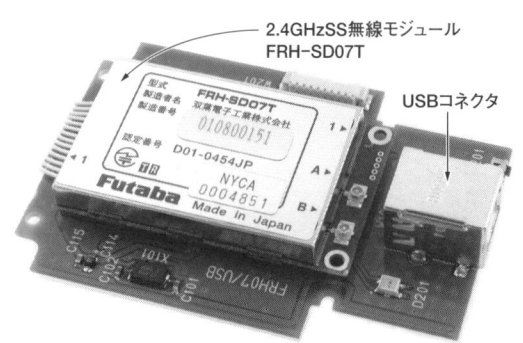

写真3　USBインターフェース無線システム

RFIDシステムとデバイスの実用知識

（トランジスタ技術 2004年1月号） 12ページ

　RFIDシステムの構成や動作原理，国際規格などについて解説しています（**写真4**）．リーダ/ライタICを用いた評価ボードとアンテナを設計し，動作検証も行っています．

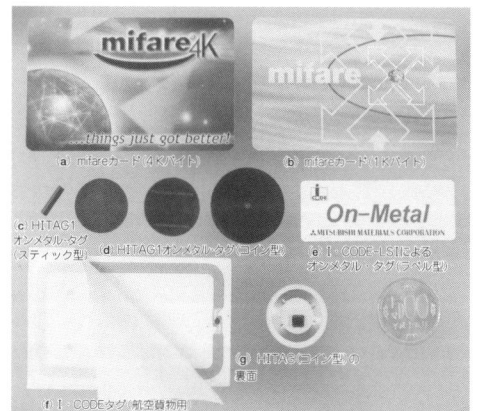

写真4　RFタグ

地上デジタル放送の受信システムの基礎知識

（トランジスタ技術 2004年3月号） 14ページ

　地上デジタル放送の基礎や受信で用いる機器，良好に受信するためのノウハウなどについての解説です（**図2**）．この記事が掲載された当時は，都市圏における放送が一部開始されたばかりでした．

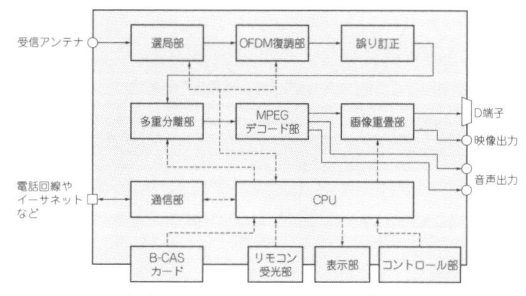

図2　地上デジタル放送用チューナのブロック図

超高速無線技術UWBのしくみと実際

(トランジスタ技術 2004年6月号) **10ページ**

UWB(Ultra Wideband)技術について，規格や法規制などの基礎知識から，UWBシステムを実現する際に必要な部品の技術，デモ・システム(**写真5**)までの解説です．

写真5　UWB デモ・システム

ワイヤレス・データ通信規格の現状

(トランジスタ技術 2007年12月号) **10ページ**

ディジタル通信で使えるさまざまな無線通信の標準規格の特徴を解説しています．無線LAN(IEEE 802.11/a/b/g/n)，Bluetooth(IEEE 802.15.1)，ZigBee(IEEE 802.15.4)，WiMAX(IEEE 802.16)，UWB (IEEE 802.15.3a)，ARIB STD-T67についての説明があります．

無線通信規格で用いられている技術として，スペクトラム拡散やCCK(Complementary Code Keying)方式，OFDM(Orthogonal Frequency Division Multiplexing)方式，MIMO(Multiple Input Multiple Output)の解説や，標準化が必要な背景と免許なしで使える無線機器の条件についての説明もあります．

ワイヤレス・ネットワーク ZigBeeの可能性を探る

(トランジスタ技術 2008年3月号) **12ページ**

ZigBeeの特徴と応用事例の解説です．規格について特に詳しく解説されています．ZigBee評価キットを用いて10台のネットワークを構築し，データの送受信を行った事例もあります(**写真6**).

写真6　ZigBee評価キットを使ったネットワークの構築

地上ディジタル放送受信機のしくみ

(トランジスタ技術 2008年11月号) **4ページ**

地上デジタル放送の標準規格と受信の仕組みについての解説です．アナログ・テレビに接続して使用する簡易地上デジタル放送チューナの内部構成について，ブロックや基板写真を用いた具体的な説明があります(**写真7**).

写真7　簡易地上デジタル放送チューナの基板

短期集中連載
図解☆OFDMのしくみ

（トランジスタ技術 2009年2月号～5月号）

全32ページ

地上デジタル放送で用いられているOFDM方式について，多くの図を使って解説した連載です．

- 無線伝送のルールを理解し，複数の周波数に分けるメリットを理解する
  （2月号，8ページ）
- 「直交」という技術の意味を理解し，OFDMでの使われ方を理解する
  （3月号，8ページ）
- 変調/復調の実際の計算処理と信号を補正する方法
  （4月号，8ページ）
- OFDMの変調と復調のしくみを理解し，メリットとデメリットを考える
  （5月号，8ページ）

有線/無線通信ほか

（トランジスタ技術 2010年12月号） **11ページ**

「エレクトロニクス比べる図鑑」と題する特集の一部です．比較的簡単に使える無線通信モジュールや，さまざまなアンテナが写真とともに紹介されています（**写真8**）．

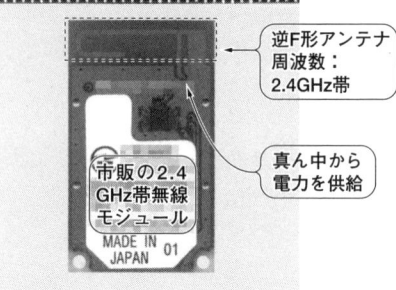

写真8　配線パターンで形成した2.4GHz帯用アンテナの例

ディジタルFMレシーバ設計仕様書

（Design Wave Magazine 2004年11月号）

7ページ

設計コンテストの課題となったディジタルFMレシーバについての解説です．コンテストの課題のため，実際に無線で通信するものではなく，与えられたFM変調データを入力すると復調データが得られる回路を設計します（**図3**）．学生でも設計できるように，ディジタルFMレシーバの回路構成が具体的に解説されています．

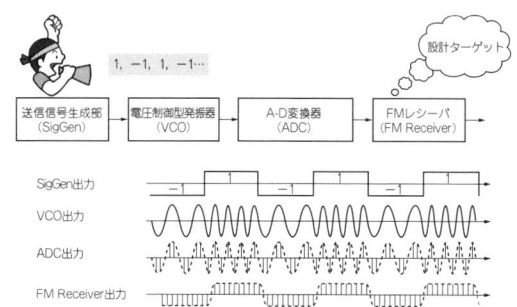

図3　ディジタルFMレシーバ・システム

センサ・ネットワーク端末を年単位で稼働させる省電力技術

（Design Wave Magazine 2005年7月号）

6ページ

米国University of California, Berkeleyが中心となって規格化した無線センサ・ネットワーク「SmartDust MICA mote」の解説です（**写真9**）．メッシュ型ネットワークの特徴やメッシュ型ネットワーク対応の通信プロトコルなどについて説明しています．

写真9　汎用センシング・ノードの例

特集 ソフトウェア無線をFPGAで実現する

（Design Wave Magazine 2005年2月号）　　全27ページ

- π/4シフトQPSK変調とASK変調が切り替え可能な送信機の設計（15ページ）

　ソフトウェア無線機の送信機の設計についての解説です．π/4シフトQPSK変調とASK変調を対象にしています．HDLコードとともに具体的に解説されており，シミュレーションの様子も示されています（図4）．

- 送信機をFPGAボードに実装して動かす（12ページ）

　π/4シフトQPSK変調とASK変調が切り替え可能な送信機をDesign Wave Magazine 2005年1月号に付属されていたFPGA基板（Spartan-3搭載）で動作させています（写真10）．

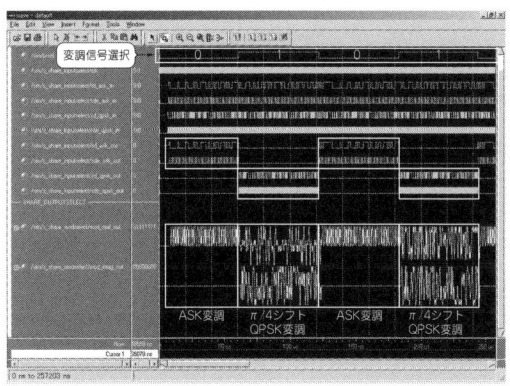

図4　変調信号切り替えのシミュレーション

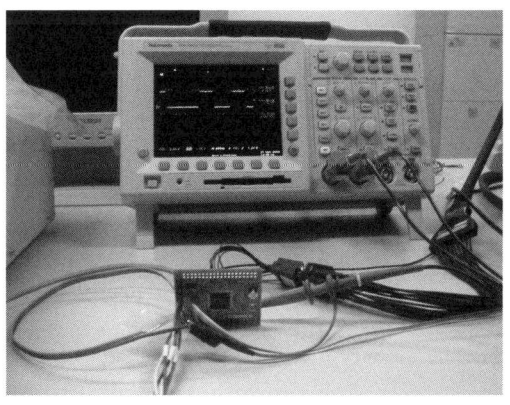

写真10　ソフトウェア無線送信機のFPGA基板による動作

特集 車載＆無線センサ・ネットワークの設計

（Design Wave Magazine 2005年10月号）　　全29ページ

- 実証実験に見るワイヤレス・センサ・ネットワークの実際（6ページ）

　無線センサ・ネットワークの概要について解説しています．IEEE 802.15.4準拠の無線モジュールを用いたセンサ・ネットワークの事例として，果樹園における実証実験について説明されています（写真11）．

- センサ・データの取得からノード間の送受信までをプログラミング（16ページ）

　センサ・ネットワークのソフトウェア開発事例です．センサ・ネットワークの特化したOSと拡張C言語を用いています．

- 単3電池2本で2年駆動，LSI単価2ドルを目ざす無線通信規格 "ZigBee"（7ページ）

　短距離無線通信規格「ZigBee」の解説です．ネットワークの階層構造やプロファイル，ネットワーク層の詳細について解説しています．

（a）設置されたセンサ・ノード

（b）設置されたセンサ・ノード（ガーデン・ランプ）

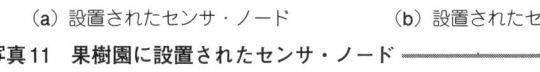
写真11　果樹園に設置されたセンサ・ノード

第3章 アナログ無線

AM/FM変調による送受信
編集部

　ここでは，AM/FM変調技術を用いたアナログ無線にかかわる技術について解説した記事を紹介します．ディジタル・データ通信で用いていても，アナログ回路でAM/FM変復調を行っている場合は，この章に分類しています．逆に，AM/FM方式であっても，ディジタル回路によって変復調を実現しているものは第2章のディジタル無線通信に分類しています．

　本書付属CD-ROMにPDFで収録したアナログ無線に関する記事の一覧を表1に示します．

表1　アナログ無線に関する記事の一覧（複数に分類される記事は，他の章で概要を紹介している場合がある）

記事タイトル	初出	ページ数	PDFファイル名
アナログ変調と復調の基礎知識	トランジスタ技術 2001年7月号	6	2001_07_187.pdf
テレビ・トランスミッタの製作	トランジスタ技術 2002年8月号	6	2002_08_131.pdf
自転車ファインダの製作	トランジスタ技術 2002年10月号	6	2002_10_119.pdf
高周波信号の検波とミキシング	トランジスタ技術 2002年11月号	11	2002_11_227.pdf
電波時計のしくみと受信回路の設計例	トランジスタ技術 2004年5月号	9	2004_05_221.pdf
AM送信機の製作（前編）	トランジスタ技術 2006年1月号	7	2006_01_262.pdf
AM送信機の製作（後編）	トランジスタ技術 2006年2月号	8	2006_02_233.pdf
送信機の製作	トランジスタ技術 2006年3月号	7	2006_03_215.pdf
AM受信機の製作	トランジスタ技術 2006年3月号	10	2006_03_252.pdf
受信機の製作	トランジスタ技術 2006年4月号	8	2006_04_254.pdf
FM送信機の製作プロジェクト	トランジスタ技術 2009年7月号	2	2009_07_238.pdf
FM送信機用アンテナの製作と実験	トランジスタ技術 2009年8月号	2	2009_08_234.pdf
超再生検波ラジオの製作	トランジスタ技術 2002年6月号	6	2002_06_115.pdf
2石FMワイヤレス・マイクの製作	トランジスタ技術 2002年7月号	6	2002_07_125.pdf
AMワイヤレス・マイクの製作	トランジスタ技術 2002年9月号	6	2002_09_107.pdf
文字放送のしくみとチューナ/フィルタの製作	トランジスタ技術 2005年3月号	7	2005_03_230.pdf
ラジオ時報で時刻を校正する高精度ディジタル時計の製作	トランジスタ技術 2008年7月号	9	2008_07_243.pdf
ストレート方式長波ラジオの製作	トランジスタ技術 2009年11月号	6	2009_11_183.pdf

AM送信機の製作

(トランジスタ技術 2006年1月号/2月号)

前編7ページ **後編8ページ**

「PSoCマイコン活用講座」と題する連載の第8回と第9回で，出力周波数1MHzのAMワイヤレス・マイクを製作しています．PSoCマイコンが内蔵する機能ブロックを活用しています．

前編では，AM/FM/PMといった基本的な変復調方式について説明しています．また，PSoCマイコンで電波を出す基本的な実験を行い(図1)，実際にAM変調を実現する方法についての検討を行っています．

後編では，DSB(Double Side Band)の仕組みと実装方法について説明し，実際に回路の製作を行っています(写真1)．

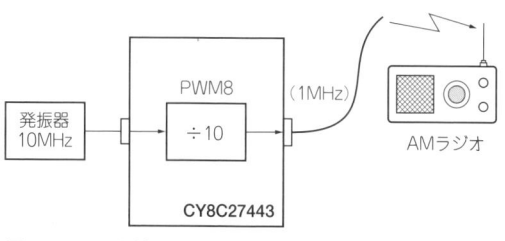

図1 PSoCを使った電波の生成実験

写真1 AMワイヤレス・マイク

AM受信機の製作

(トランジスタ技術 2006年3月号) **10ページ**

「PSoCマイコン活用講座」と題する連載の第10回で，AMだけでなくDSBやSSBにも対応した受信機を製作しています(写真2)．第8回と第9回で製作したAMワイヤレス・マイクと組み合わせて使うことができます．

AM受信機のさまざまな方式を解説し，スーパヘテロダイン方式の受信機を設計しています．

写真2 PSoCラジオ

電波時計のしくみと受信回路の設計例

(トランジスタ技術 2004年5月号) **9ページ**

電波時計で用いられている技術の解説です．標準電波についての基礎解説のほか，標準電波受信用IC SM9501Aを用いた電波時計の製作事例があります(写真3)．

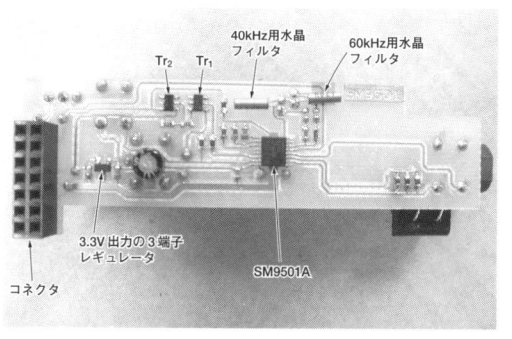

写真3 電波時計の受信回路基板(はんだ面)

送信機の製作 / 受信機の製作

(トランジスタ技術 2006年3月号/4月号)　**前編7ページ**　**後編8ページ**

　微弱電波によるワイヤレス・データ通信の実験製作記事です(**図2**)．前後編の2回で，前編では送信機を製作し(**写真4**)，後編では受信機を製作しています(**写真5**)．

　送信ICには，キーレス・エントリ・システムなどで使われているMAX1472を使用し，プリント基板のパターンでループ・アンテナを作成しています．

　受信ICには，MAX1470を使用しています．信号を受けると音や光で表示できるようになっています．EMI対策についても説明があります．

　専用のプリント基板を使わずに製作する方法の説明もあります．

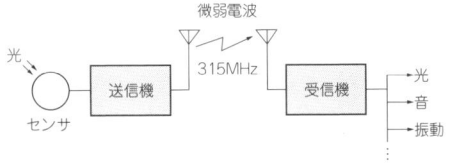

図2　微弱無線送受信機

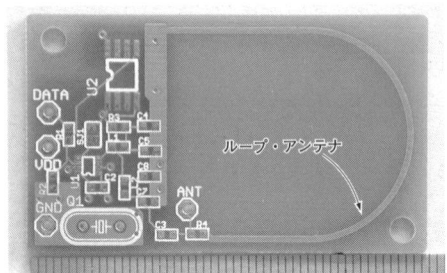

写真4　送信モジュールのプリント基板

写真5　受信モジュール

FM送信機の製作プロジェクト

(トランジスタ技術 2009年7月号)　**2ページ**

　欲しい部品が自由に手に入らない環境で，さまざまな工夫で回路を実現してきた経験を紹介している連載「エチオピア通信」の第5回です．

　使われなくなった機器から得た部品などを活用して実現したFM送信機が紹介されています(**写真6**)．

写真6　FM送信機

FM送信機用アンテナの製作と実験

(トランジスタ技術 2009年8月号)　**2ページ**

　連載「エチオピア通信」の第6回です．第5回で製作した送信機で使用するアンテナを製作しています．タブレット・アンテナ，グラウンド・プレーン(**写真7**)，J型アンテナ，4エレメント八木アンテナなどを製作し，実験しています．

写真7　グラウンド・プレーン

第4章　開発手法

設計技術のアイデアと製品開発の実際
編集部

　ここでは，無線通信システムや高周波回路を設計する際の開発手法について解説した記事を紹介します．設計技術のアイデアや，具体的な製品開発フローを解説した記事を集めています．開発時に活用するシミュレータや測定器などの開発ツールについては，第5章で取り上げます．

　本書付属CD-ROMにPDFで収録した開発手法に関する記事の一覧を表1に示します．

表1　開発手法に関する記事の一覧（複数に分類される記事は，他の章で概要を紹介している場合がある）

記事タイトル	初出	ページ数	PDFファイル名
高速ディジタル時代に対応する回路設計手法	Design Wave Magazine 2001年2月号	21	dw2001_02_020.pdf
シミュレータを中核とする高周波回路設計	Design Wave Magazine 2001年11月号	7	dw2001_11_036.pdf
アプリケーションを意識した高周波回路の実装設計	Design Wave Magazine 2001年11月号	6	dw2001_11_058.pdf
3次元電磁界シミュレータ活用のポイント	Design Wave Magazine 2001年11月号	6	dw2001_11_064.pdf
仕様を理解する	Design Wave Magazine 2002年5月号	6	dw2002_05_084.pdf
製品機能を決める	Design Wave Magazine 2002年6月号	5	dw2002_06_116.pdf
概要設計を行う	Design Wave Magazine 2002年7月号	6	dw2002_07_117.pdf
ハードウェアとソフトウェアを切り分ける	Design Wave Magazine 2002年9月号	5	dw2002_09_140.pdf
ハード／ソフトの切り分けとBluetooth新プロファイル	Design Wave Magazine 2002年10月号	10	dw2002_10_137.pdf
原理設計を行う――通信工学のおさらい	Design Wave Magazine 2002年11月号	9	dw2002_11_119.pdf
続・原理設計を行う――通話の原理から通信を学ぶ	Design Wave Magazine 2003年2月号	5	dw2003_02_143.pdf
アーキテクチャ設計を行う	Design Wave Magazine 2003年4月号	6	dw2003_04_155.pdf
開発・検証環境を整備する	Design Wave Magazine 2003年6月号	6	dw2003_06_145.pdf
ASICを設計する（前編）――送信側のデータ処理の実装	Design Wave Magazine 2003年8月号	5	dw2003_08_145.pdf
ASICを設計する（中編）――エラー訂正回路とタイミング回路の実装	Design Wave Magazine 2003年9月号	6	dw2003_09_152.pdf
ASICを設計する（後編）――CPUと周辺回路のインターフェース回路の実装	Design Wave Magazine 2003年11月号	7	dw2003_11_117.pdf
ファームウェアを設計する	Design Wave Magazine 2004年2月号	6	dw2004_02_140.pdf
ファームウェアを設計する（その2）――エラー制御と高周波制御を実現する方法	Design Wave Magazine 2004年4月号	7	dw2004_04_152.pdf
プロトタイプを開発する	Design Wave Magazine 2004年5月号	6	dw2004_05_148.pdf
デバッグを行う	Design Wave Magazine 2004年7月号	7	dw2004_07_116.pdf
市場に受け入れられる製品は何かを見極める	Design Wave Magazine 2004年10月号	5	dw2004_10_106.pdf
高速無線通信に対応した小型モジュールの作りかた	Design Wave Magazine 2006年11月号	8	dw2006_11_082.pdf
UWB通信を利用したリアルタイム無線画像転送システムの開発	Design Wave Magazine 2006年11月号	8	dw2006_11_090.pdf

連載 つながるワイヤレス通信機器の開発手法

(Design Wave Magazine 2002年5月号～2004年10月号)

全107ページ

Bluetoothや無線LAN対応機器を例題として通信システムの開発手法を解説した連載です（図1，図2）．

- 仕様を理解する
  （2002年5月号，6ページ）
- 製品機能を決める
  （2002年6月号，5ページ）
- 概要設計を行う
  （2002年7月号，6ページ）
- ハードウェアとソフトウェアを切り分ける
  （2002年9月号，5ページ）
- ハード/ソフトの切り分けとBluetooth新プロファイル（2002年10月号，10ページ）
- 原理設計を行う
  ――通信工学のおさらい
  （2002年11月号，9ページ）
- 続・原理設計を行う
  ――通話の原理から通信を学ぶ
  （2003年2月号，5ページ）
- アーキテクチャ設計を行う
  （2003年4月号，6ページ）
- 開発・検証環境を整備する
  （2003年6月号，6ページ）
- ASICを設計する（前編）
  ――送信側のデータ処理の実装
  （2003年8月号，5ページ）
- ASICを設計する（中編）
  ――エラー訂正回路とタイミング回路の実装
  （2003年9月号，6ページ）
- ASICを設計する（後編）
  ――CPUと周辺回路のインターフェース回路の実装
  （2003年11月号，7ページ）
- ファームウェアを設計する
  （2004年2月号，6ページ）
- ファームウェアを設計する（その2）
  ――エラー制御と高周波制御を実現する方法
  （2004年4月号，7ページ）
- プロトタイプを開発する
  （2004年5月号，6ページ）
- デバッグを行う
  （2004年7月号，7ページ）
- 市場に受け入れられる製品は何かを見極める
  （2004年10月号，5ページ）

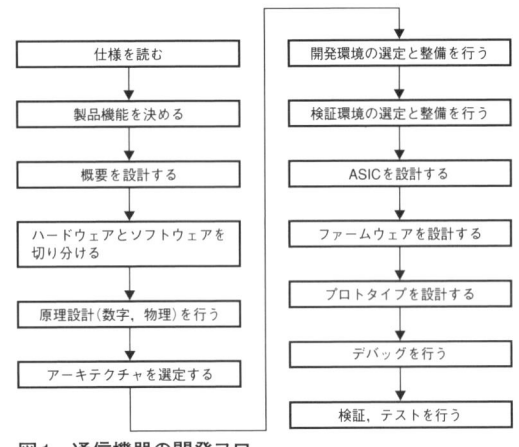

図1 通信機器の開発フロー

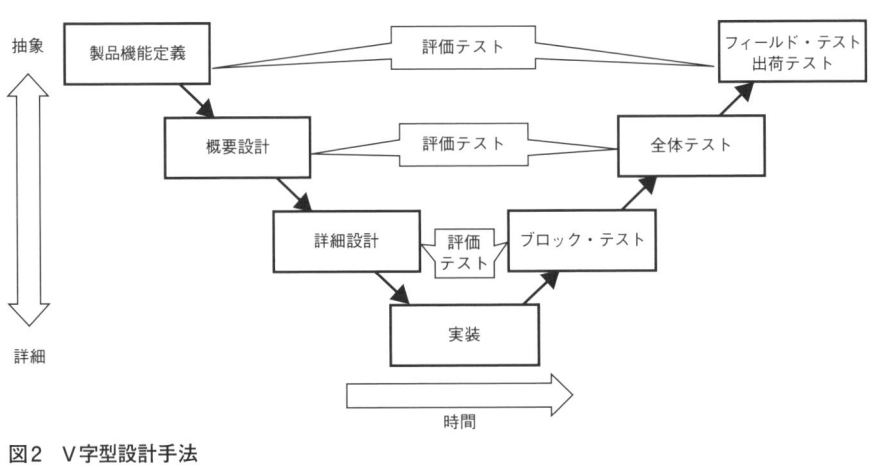

図2 V字型設計手法

高速ディジタル時代に対応する回路設計手法

（Design Wave Magazine 2001年2月号）

21ページ

高速ディジタル回路の設計において，電磁干渉の問題が発生した後でシミュレータなどで解析するのではなく，開発段階で回路を集中定数と分布定数に分けて考える手法について説明しています（図3）．EMC対策では，信号線よりも電源線が重要なことから，回路設計技術のアイデアが提案されています．

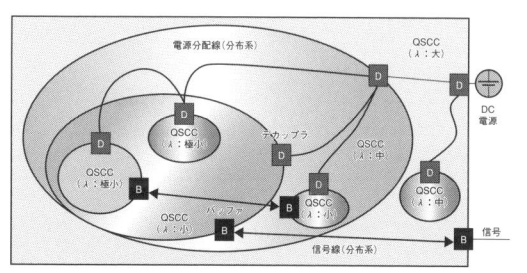

図3　QSCC理論のイメージ

高速無線通信に対応した小型モジュールの作りかた

（Design Wave Magazine 2006年11月号）

8ページ

Certified Wireless USBモジュール（写真1）の開発を例に，設計上の注意点や小型化のための部品の選び方を解説しています．無線通信規格の標準化動向についても説明しています．

写真1　Certified Wireless USBモジュール

UWB通信を利用したリアルタイム無線画像転送システムの開発

（Design Wave Magazine 2006年11月号）

8ページ

UWB（Ultra Wideband）通信技術を用いてJPEG-2000データをリアルタイムに転送するシステム（図4，写真2）を例に，製品コンセプトから仕様をどのように決定して開発したのかの過程を説明しています．また開発した機器の評価（写真3）を元に，製品化の課題も説明しています．

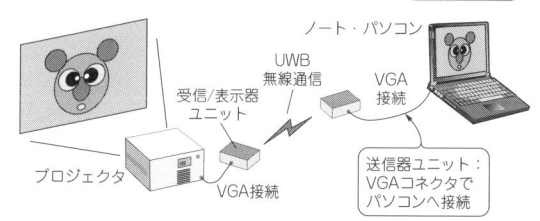

図4　リアルタイム画像転送システム

写真2　リアルタイム画像転送システムのキャプチャ・ユニット

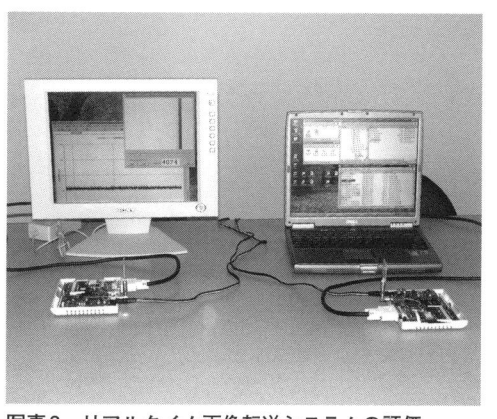

写真3　リアルタイム画像転送システムの評価

無線通信＆高周波設計記事全集

第5章 開発ツール

各種シミュレータの活用
編集部

　ここでは，無線通信システムや高周波回路を設計する際に用いる開発ツールについて解説した記事を紹介します．主に開発段階における各種シミュレータの活用方法などの話題を集めています．機器を試作した後のデバッグ手法や評価手法，具体的な測定器などの活用法については第11章で取り上げます．

　本書付属CD-ROMにPDFで収録した開発ツールに関する記事の一覧を**表1**に示します．

表1　開発ツールに関する記事の一覧(複数に分類される記事は，他の章で概要を紹介している場合がある)

記事タイトル	掲載号	ページ数	PDFファイル名
回路混在型電磁界シミュレータの基礎と応用	トランジスタ技術 2001年5月号	16	2001_05_247.pdf
付録CD-ROMに収録した高周波回路&電磁界シミュレータの概要	トランジスタ技術 2003年11月号	4	2003_11_123.pdf
フリーのスミス・チャート描画ツール Mr.Smith ver.3	トランジスタ技術 2005年12月号	1	2005_12_276.pdf
フリーの高周波シミュレータ Ansoft Designer SV 試用レポート	トランジスタ技術 2010年1月号	13	2010_01_189.pdf
シグナル・インテグリティと電磁界解析（後編）	Design Wave Magazine 2001年1月号	7	dw2001_01_135.pdf
超入門・伝送線路	Design Wave Magazine 2001年3月号	9	dw2001_03_138.pdf
解析精度のベンチマーク・テスト	Design Wave Magazine 2001年4月号	6	dw2001_04_139.pdf
コンバージェンス(収束)テストの効用	Design Wave Magazine 2001年7月号	7	dw2001_07_136.pdf
さまざまな誤差の要因を探る	Design Wave Magazine 2001年8月号	5	dw2001_08_142.pdf
パラメータ化と最適化の活用	Design Wave Magazine 2001年9月号	7	dw2001_09_144.pdf
例題に学ぶ電磁界解析ソフトウェア速習術	Design Wave Magazine 2001年10月号	9	dw2001_10_098.pdf
シミュレータを中核とする高周波回路設計	Design Wave Magazine 2001年11月号	7	dw2001_11_036.pdf
3次元電磁界シミュレータ活用のポイント	Design Wave Magazine 2001年11月号	6	dw2001_11_064.pdf
例題に学ぶ電磁界解析ソフトウェア速習術PART2	Design Wave Magazine 2001年11月号	9	dw2001_11_072.pdf
EMC問題のケース・スタディ	Design Wave Magazine 2001年12月号	10	dw2001_12_126.pdf
シリコン基板上のコイルとアンテナの電磁界を解析する	Design Wave Magazine 2002年1月号	9	dw2002_01_046.pdf
共振によるトラブルを探る	Design Wave Magazine 2002年3月号	8	dw2002_03_129.pdf
共振によるトラブルを探る(その2)	Design Wave Magazine 2002年4月号	8	dw2002_04_146.pdf
共振によるトラブルを探る(その3)	Design Wave Magazine 2002年5月号	8	dw2002_05_126.pdf
共振周波数を自由にコントロールする	Design Wave Magazine 2002年6月号	8	dw2002_06_134.pdf
周波数領域の解析手法を高速化する	Design Wave Magazine 2002年7月号	7	dw2002_07_148.pdf
小型ループ・アンテナのインピーダンス・マッチング方法	Design Wave Magazine 2002年8月号	8	dw2002_08_159.pdf
磁界を調べるとわかること(その1)	Design Wave Magazine 2002年9月号	6	dw2002_09_146.pdf
磁界を調べるとわかること(その2)	Design Wave Magazine 2002年10月号	7	dw2002_10_130.pdf
磁界を調べるとわかること(その3)	Design Wave Magazine 2002年12月号	7	dw2002_12_144.pdf
マイクロストリップ・フィルタのしくみを調べる(その1)	Design Wave Magazine 2003年3月号	7	dw2003_03_127.pdf
マイクロストリップ・フィルタのしくみを調べる(その2)	Design Wave Magazine 2003年5月号	7	dw2003_05_115.pdf
開発・検証環境を整備する	Design Wave Magazine 2003年6月号	6	dw2003_06_145.pdf
電磁界シミュレータで見る2.4GHz帯の電磁波干渉問題	Design Wave Magazine 2005年7月号	9	dw2005_07_031.pdf
配線レイアウトの電磁界シミュレーションを体験する	Design Wave Magazine 2009年2月号	10	dw2009_02_034.pdf

回路混在型電磁界シミュレータの基礎と応用

（トランジスタ技術 2001年5月号）　16ページ

　回路混在型電磁界シミュレータ「S・NAP-Field」の機能や使い方の解説です（図1）．以下のようなシミュレーション事例があります．
- C結合連立チェビシェフ型ハイパス・フィルタの解析
- 1.2GHz帯小信号増幅器の解析
- 2.4GHz低雑音増幅器の解析
- 低雑音アンプの雑音指数の検討
- パワー・デバイスのはんだ位置の検討
- 両面実装した430MHz帯増幅器の解析
- 両面実装したディジタル回路の解析
- アクティブ・アンテナの解析

　電磁界シミュレータの解析手法についての説明もあります．

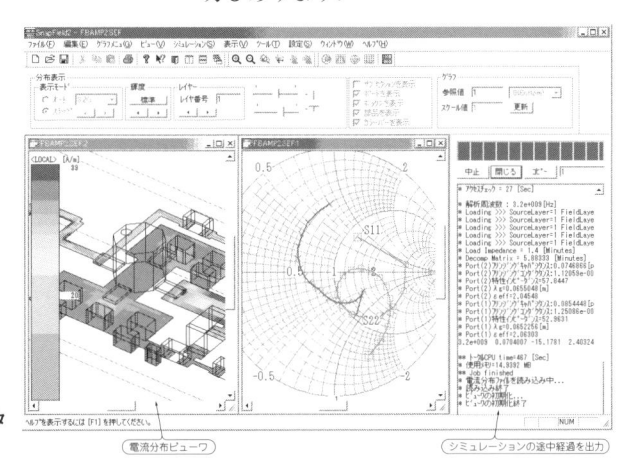

図1　回路混在型電磁界シミュレータ「S・NAP-Field」

付録CD-ROMに収録した高周波回路＆電磁界シミュレータの概要

（トランジスタ技術 2003年11月号）　4ページ

　トランジスタ技術2003年11月号の付属CD-ROMには，高周波・マイクロ波シミュレータ「S・NAP/Suite Liberal Edition」が収録されていました．この記事では，S・NAP/Suite Liberal Editionの機能やインストール方法について解説しています（図2）．

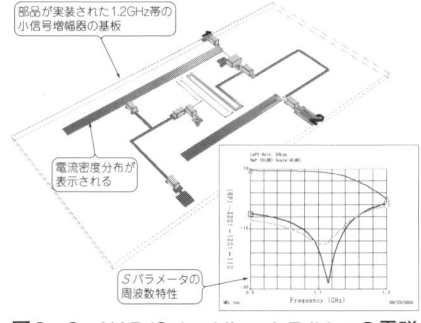

図2　S・NAP/Suite Liberal Editionの電磁界解析機能によるシミュレーション例

フリーのスミス・チャート描画ツール Mr.Smith ver.3

（トランジスタ技術 2005年12月号）　1ページ

　無償で使用できるスミス・チャート描画ツール「Mr.Smith ver.3」の紹介記事です（図3）．正規化リアクタンスへの変換計算を自動的に行い，回路定数を変化させたときにインピーダンス奇跡を表示したり，インピーダンスやアドミタンスの合成計算を行ったりできます．

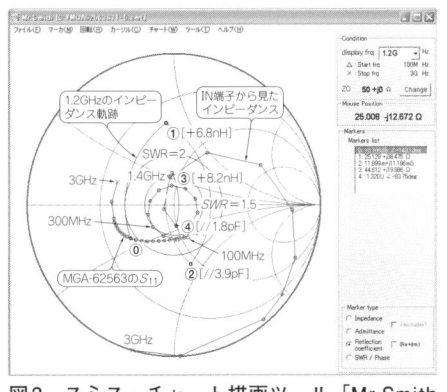

図3　スミス・チャート描画ツール「Mr.Smith ver.3」

連載 電磁界解析ソフトで何がわかるか

(Design Wave Magazine 2001年1月号〜2002年7月号)

全108ページ

　電磁界解析ソフトウェアの活用法を解説した連載です．本書には2001年1月号の第7回以降が収録されています．

● シグナル・インテグリティと電磁界解析(後編)
　(2001年1月号，7ページ)

　電磁界解析ソフトウェア「Sonnet Lite」を使って，配線における電圧降下(IRドロップ)に関連して，周波数が高くなるに従って配線の導体表面に流れる電流がどのように変化するかを調べています(図4)．

● 超入門・伝送線路
　(2001年3月号，9ページ)

　シミュレーションで解析した結果を評価する上で必要なリアリティ・チェックについて解説しています．また，電磁界解析ソフトウェア「MICROWAVE STUDIO」を使った伝送線路のシミュレーションとリアリティ・チェックの事例があります(図5)．

● 解析精度のベンチマーク・テスト
　(2001年4月号，6ページ)

　リアリティ・チェックの一つとして，電磁界解析ソフトウェアの精度を取り上げています．電磁界解析ソフトウェアで用いられるベンチマーク・テストの具体的な方法を説明しています(図6)．

● コンバージェンス(収束)テストの効用
　(2001年7月号，7ページ)

　実世界をコンピュータでシミュレーションする限り，離散化による誤差が必ず存在します．ここでは離散化する数を増やしていったときに解析結果が収束する先を調べるコンバージェンス(収束)テストについて解説しています(図7)．

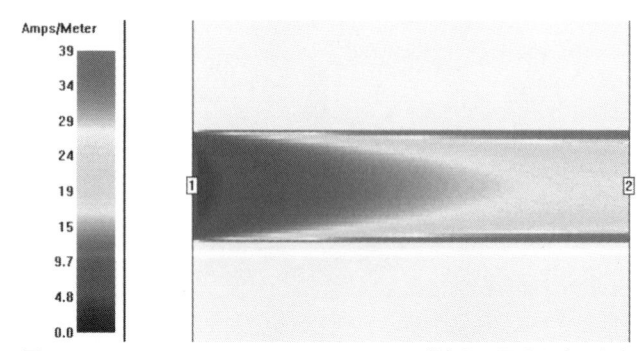

図4 Sonnet Liteによるマイクロストリップ線路の電流分布の解析(10GHz)

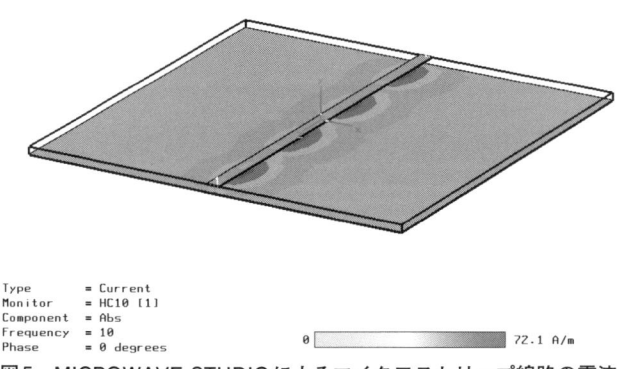

図5 MICROWAVE STUDIOによるマイクロストリップ線路の電流分布の解析(10GHz)

- さまざまな誤差の要因を探る
  (2001年8月号，5ページ)

  シミュレーションによる誤差の原因が，モデルの細かさだけでないことを説明し，その要因をコンバージェンスの技法で探っています．

- パラメータ化と最適化の活用
  (2001年9月号，7ページ)

  回路の一部分の寸法を少しずつ変えながら解析して，設計目標に自動的に近づけていく手法について解説しています．Sonnet Liteのパラメータ化機能を使っています(図8)．

- 例題に学ぶ電磁界解析ソフトウェア速習術
  (2001年10月号，9ページ)

- 例題に学ぶ電磁界解析ソフトウェア速習術 PART2(2001年11月号，9ページ)

  2回にわたって，電磁界解析ソフトウェアを活用できるさまざまな問題を紹介しています．10月号では，平面構造の多層化モデル(プリント基板上の配線など)，11月号では3次元モデル(導波管伝送路やキャビティ共振器など)を扱っています(図9)．

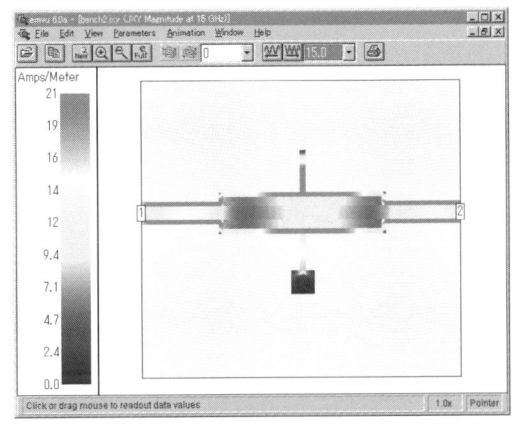

(b) Sonnetの結果．表面電流の分布

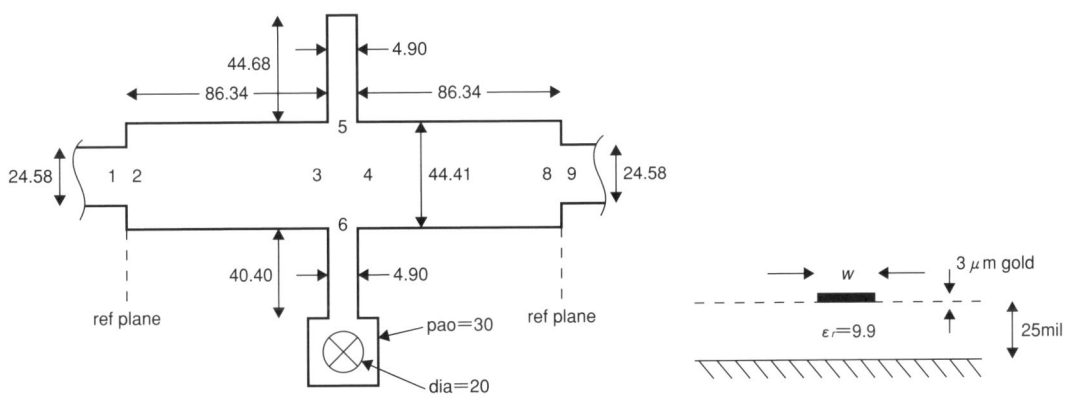

(a) マイクロストリップ線路モデル

図6 マイクロストリップ線路のベンチマーク

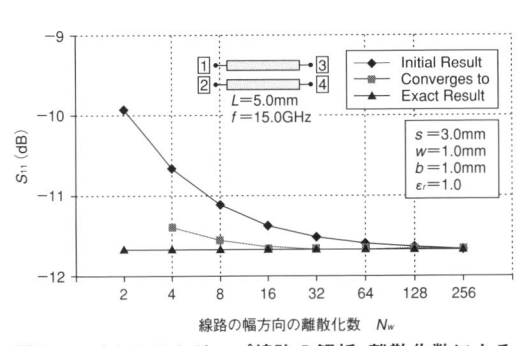

図7 マイクロストリップ線路の解析-離散化数によるS_{11}の変化

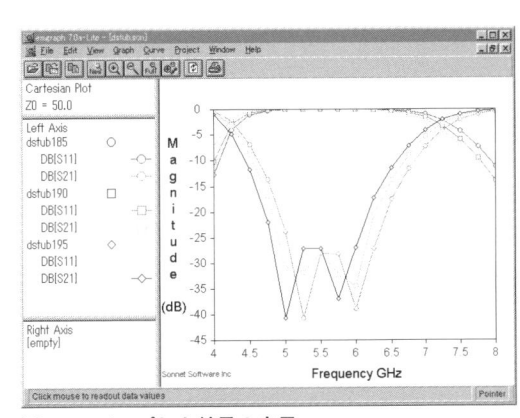

図8 スイープした結果の表示

- **EMC問題のケース・スタディ**
  (2001年12月号,10ページ)

  EMC(Emectromagnetic Compatibility)問題への電磁界解析ソフトウェアの活用事例として,テラビット・ルータのトラブル・シューティングを紹介しています(図10).

- **共振によるトラブルを探る**
  (2002年3月号,8ページ)
- **共振によるトラブルを探る(その2)**
  (2002年4月号,8ページ)
- **共振によるトラブルを探る(その3)**
  (2002年5月号,8ページ)

  3回にわたって,共振の問題を説明しています.3月号ではパッケージやハウジングの共振問題,4月号では筐体の外で発生している電磁ノイズが内部の回路に与える影響,5月号では回路基板の構造から共振源を発見する方法を説明しています.

- **共振周波数を自由にコントロールする**
  (2002年6月号,8ページ)

  小型のアンテナを例題として,実際の共振周波数が計算値と合わない理由を説明しています.仕組みを知ることで,共振周波数を自由にコントロールできるようになります.

- **周波数領域の解析手法を高速化する**
  (2002年7月号,7ページ)

  電磁界解析ソフトウェア「Sonnet」が持つABS(Adaptive Band Synthesis)機能を使って,6回巻きループ・アンテナの解析を高速化する手法を説明しています.

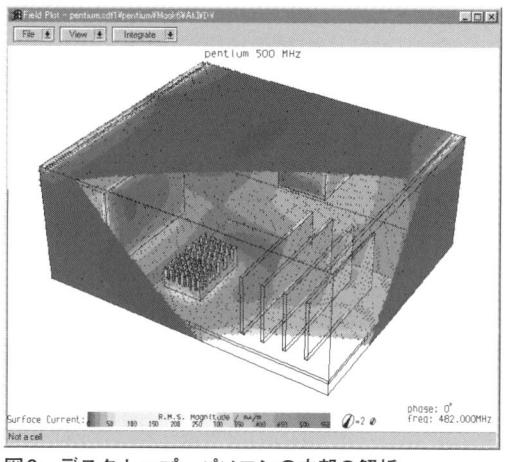

図9 デスクトップ・パソコンの内部の解析

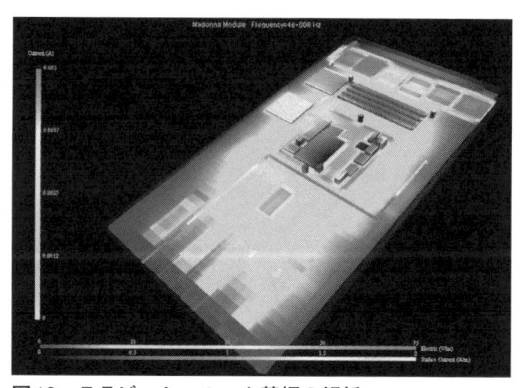

図10 テラビット・ルータ基板の解析

特集 RF技術，ワイヤレス・ブームに乗って表舞台へ

(Design Wave Magazine 2001年11月号) 全13ページ

高周波アナログ設計術について解説した特集です．

● シミュレータを中核とする高周波回路設計 (7ページ)

高周波回路設計の各工程において，シミュレータが活用できる場面を，一昔前の工程と比較して説明しています(図11)．また，シミュレータの利点だけでなく，シミュレータを使うことによる問題にも言及されています．

● 3次元電磁界シミュレータ活用のポイント (6ページ)

3次元電磁界シミュレータの概要や導入時の検討項目，誤差の問題などについて解説しています．

図11 高周波回路設計におけるシミュレータの活用

フリーの高周波シミュレータ Ansoft Designer SV 試用レポート

(トランジスタ技術 2010年1月号) 13ページ

無償で使用できる高周波シミュレータ「Ansoft Designer SV」を使って高周波回路を設計する手順を説明しています．ツールの機能と操作方法のほか，Sパラメータを使った高周波トランジスタの安定性と雑音性能の解析事例もあります(図12)．

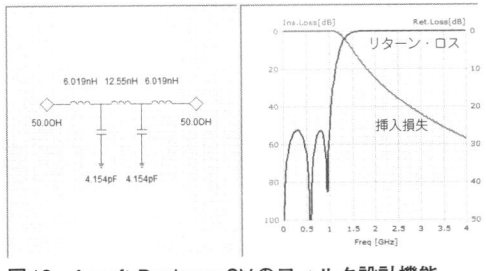

図12 Ansoft Designer SVのフィルタ設計機能

電磁界シミュレータで見る 2.4GHz帯の電磁波干渉問題

(Design Wave Magazine 2005年7月号) 9ページ

無線通信において電波干渉が発生するメカニズムを，電磁界シミュレータを用いて解説しています．電波の反射や回折がどのように起こるかを見るために，無線LANシステムのモデルを作成し，シミュレーションしています(図13)．

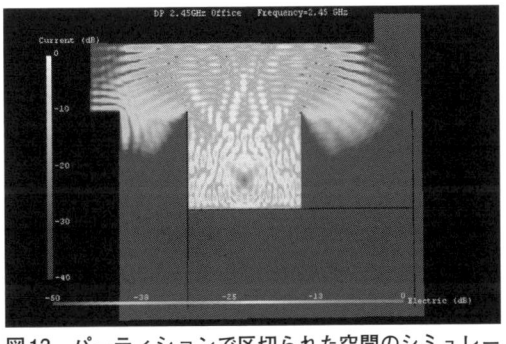

図13 パーティションで区切られた空間のシミュレーション

第6章 回路設計

高周波に独特な技術と実用回路図集
編集部

ここでは，高周波回路設計技術を解説した記事を紹介します．「トランジスタ技術」では，実用回路を数多く集めた特集や連載が企画されることが多く，高周波回路も何度も取り上げられています．

本書付属CD-ROMにPDFで収録した高周波回路設計に関する記事の一覧を表1に示します．

表1 回路設計に関する記事の一覧（複数に分類される記事は，他の章で概要を紹介している場合がある）

記事タイトル	初出	ページ数	PDFファイル名
SPDTスイッチ回路の設計	トランジスタ技術 2001年1月号	10	2001_01_294.pdf
SPDTスイッチの製作と評価	トランジスタ技術 2001年2月号	9	2001_02_284.pdf
ロー・ノイズ・アンプ回路の基礎	トランジスタ技術 2001年3月号	6	2001_03_297.pdf
ロー・ノイズ・アンプの設計	トランジスタ技術 2001年4月号	10	2001_04_318.pdf
MMICによるロー・ノイズ・アンプの製作	トランジスタ技術 2001年5月号	8	2001_05_277.pdf
HEMTによるロー・ノイズ・アンプの製作	トランジスタ技術 2001年6月号	8	2001_06_296.pdf
ミキサ回路の基礎	トランジスタ技術 2001年7月号	7	2001_07_275.pdf
ダブルバランスト・ミキサの動作実験	トランジスタ技術 2001年8月号	8	2001_08_273.pdf
アクティブ・ミキサの動作実験	トランジスタ技術 2001年9月号	8	2001_09_249.pdf
高周波発振回路の基礎	トランジスタ技術 2001年10月号	7	2001_10_262.pdf
高周波VCOの設計	トランジスタ技術 2001年11月号	9	2001_11_268.pdf
マイクロ波回路設計に関するおすすめの書	トランジスタ技術 2001年11月号	1	2001_11_332.pdf
高周波PLLの設計	トランジスタ技術 2001年12月号	9	2001_12_247.pdf
高周波回路設計の良書	トランジスタ技術 2002年6月号	1	2002_06_284.pdf
高周波信号のスイッチ	トランジスタ技術 2002年10月号	9	2002_10_227.pdf
IC応用回路と低周波&高周波回路設計の入門書	トランジスタ技術 2002年10月号	1	2002_10_288.pdf
高周波信号の検波とミキシング	トランジスタ技術 2002年11月号	11	2002_11_227.pdf
高周波信号の増幅	トランジスタ技術 2002年12月号	12	2002_12_225.pdf
高周波デバイス実用回路集	トランジスタ技術 2003年1月号	17	2003_01_179.pdf
ディスクリートで作る高周波増幅回路	トランジスタ技術 2003年1月号	10	2003_01_227.pdf
高周波増幅回路の負帰還技術	トランジスタ技術 2003年2月号	8	2003_02_217.pdf
5GHz帯の回路設計 はじめの一歩	トランジスタ技術 2003年5月号	10	2003_05_243.pdf
コイルが活躍する高周波回路あれこれ	トランジスタ技術 2003年10月号	3	2003_10_185.pdf
高周波回路の設計に役立つ良書	トランジスタ技術 2003年11月号	1	2003_11_274.pdf
電波時計のしくみと受信回路の設計例	トランジスタ技術 2004年5月号	9	2004_05_221.pdf

記事タイトル	初　出	ページ数	PDFファイル名
帯域500M～2.5GHzのウィルキンソン2分配器 分布定数素子を使った1GHzベッセルLPF 中心周波数1GHz，3dB帯域500MHzの分布定数素子を使ったBPF コンデンサと分布定数素子を使った2.0GHz5次HPF 分布定数素子とコンデンサを組み合わせた中心周波数1.5GHz，帯域1GHzのBPF カットオフ周波数190MHzの50Ω系HPF	トランジスタ技術 2004年5月号	4	2004_05_265.pdf
10dB＠150M～400MHzの1石高周波アンプ MMICを使ったシンプルな2.4GHz帯低雑音アンプ HEMTを使ったNF 0.4dBの2.4GHz帯低雑音アンプ プリント・パターンで作る1.2GHz帯の分配器	トランジスタ技術 2004年9月号	4	2004_09_273.pdf
高周波回路 設計便利帳	トランジスタ技術 2004年10月号	19	2004_10_186.pdf
1GHz→2GHz周波数逓倍器 1GHz→3GHz周波数3逓倍器 0.9GHz～3.1GHz方向性結合器 アイソレーション特性の良い3GHz方向性結合器 信号の分配比を変えられるラットレース・ハイブリッド 狭帯域の1GHzバンド・パス・フィルタ	トランジスタ技術 2005年10月号	3	2005_10_284.pdf
やってはいけない！発振＆高周波回路設計	トランジスタ技術 2005年11月号	6	2005_11_181.pdf
ワイヤレス回路のコモンセンス	トランジスタ技術 2007年5月号	10	2007_05_125.pdf
1GHz高感度フロントエンドの試作	トランジスタ技術 2008年4月号	10	2008_04_230.pdf
19GHz帯のロー・ノイズ・アンプと帯域100M～3GHzの可変ゲイン・アンプ	トランジスタ技術 2008年10月号	4	2008_10_260.pdf
RFフロントエンドのしくみ	トランジスタ技術 2008年11月号	7	2008_11_112.pdf
帯域1M～10GHzの検波回路と帯域50M～1GHzの1Wアンプ	トランジスタ技術 2008年11月号	4	2008_11_258.pdf
GHz帯アッテネータ	トランジスタ技術 2008年12月号	4	2008_12_262.pdf
数GHz帯のオートマチック・レベル・コントロール回路とアンプ回路	トランジスタ技術 2009年1月号	4	2009_01_270.pdf
DC～数GHz帯の高速，大電力用スイッチ回路	トランジスタ技術 2009年2月号	4	2009_02_254.pdf
低損失スイッチ回路，変調回路とアップコンバータ	トランジスタ技術 2009年4月号	4	2009_04_246.pdf
高周波LCフィルタ基板設計の勘所	トランジスタ技術 2009年8月号	8	2009_08_165.pdf
高速ディジタル伝送線路/高周波回路ほか	トランジスタ技術 2010年5月号	15	2010_05_132.pdf
チップ部品で集中定数設計！2.4GHz BPFの製作研究	トランジスタ技術 2010年8月号	8	2010_08_183.pdf
ASICを設計する（前編）――送信側のデータ処理の実装	Design Wave Magazine 2003年8月号	5	dw2003_08_145.pdf
ASICを設計する（中編）――エラー訂正回路とタイミング回路の実装	Design Wave Magazine 2003年9月号	6	dw2003_09_152.pdf
ASICを設計する（後編）――CPUと周辺回路のインターフェース回路の実装	Design Wave Magazine 2003年11月号	7	dw2003_11_117.pdf

連載 高周波回路デザイン・ラボラトリ

(トランジスタ技術 2001年1月号～12月号)

全99ページ

　これから高周波の世界へ第一歩を踏み出そうとしている人を対象に，回路を実際に作り，触り，動かしながら，たくさんの経験を積むことを目標とした連載です．2.4GHz送受信機を構成する回路を例題にしています．2000年10月号に第1回が掲載されており，本書には第3回からの記事が収録されています．

- SPDTスイッチ回路の設計

　(2001年1月号，10ページ)

　PINダイオードを使ったSPST(Single Pole Single Throw)スイッチの基本動作を調べた後，高周波システムで使われる二つのSPDT(Single Pole Double Throw)スイッチ回路を解説しています．SPDTスイッチ回路の特性をシミュレーションしています(図1)．

　スミス・チャートの利用方法についてのコラム記事もあります．

- SPDTスイッチの製作と評価

　(2001年2月号，9ページ)

　SPDTスイッチ回路を試作し，実測しながら調整する過程を説明しています(写真1)．シミュレーション結果と実測値との比較についても検討します．

　マッチング対策ミスについてのコラム記事もあります．

- ロー・ノイズ・アンプ回路の基礎

　(2001年3月号，6ページ)

　2.4GHz送受信システムの受信部で使われるロー・ノイズ・アンプの設計法の解説です．

　並列コンデンサと直列コンデンサのマッチング例についてのコラム記事もあります．

- ロー・ノイズ・アンプの設計

　(2001年4月号，10ページ)

　MMIC(Microwave Monolithic IC)とHEMT(High Electron Mobility Transistor)を用いてロー・ノイズ・アンプを設計しています．

　並列コンデンサ+直列コンデンサ以外のマッチング回路の設計例についてのコラム記事もあります．

- MMICによるロー・ノイズ・アンプの製作

　(2001年5月号，8ページ)

　MMICを使ったロー・ノイズ・アンプを試作し，実測しながら調整する過程を説明しています(写真2)．

　マッチング回路構成による入力インピーダンス特性の違いについてのコラム記事もあります．

- HEMTによるロー・ノイズ・アンプの製作

　(2001年6月号，8ページ)

　HEMTを使ったロー・ノイズ・アンプを試作し，実測しながら調整する過程を説明しています(写真3)．

　実際の部品を使ったマッチング回路についてのコラム記事もあります．

- ミキサ回路の基礎

　(2001年7月号，7ページ)

　送受信機におけるミキサの働きや，ミキサの種類について解説しています．

　実際の受動部品の特性についてのコラム記事もあります．

- ダブルバランスト・ミキサの動作実験

　(2001年8月号，8ページ)

　ダブルバランスト・ミキサの基本動作を説明

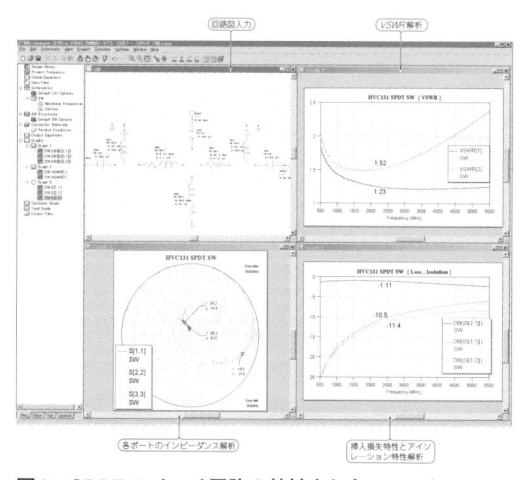

図1　SPDTスイッチ回路の特性をシミュレーション

写真1　SPDTスイッチ回路の試作

した後，実際のミキサを使って周波数変換の動作を実験しています．

プリント・パターンの曲がりが特性に与える影響についてのコラム記事もあります．

● アクティブ・ミキサの動作実験
（2001年9月号，8ページ）

HEMTによるロー・ノイズ・アンプをアクティブ・ミキサとして機能させる実験をしています（写真4）．

信号パターンと隣接するグラウンド・パターンのギャップについてのコラム記事もあります．

● 高周波発振回路の基礎
（2001年10月号，7ページ）

局部信号源になる高周波発振器の基本動作と設計法についての解説です．2.4GHz発振回路について詳しく説明しています．

マイクロストリップ線路間の結合についてのコラム記事もあります．

● 高周波VCOの設計
（2001年11月号，9ページ）

GHz帯で使われるVCO(Voltage Controlled Oscillator)を試作し，性能を調べています（写真5）．また，メーカ製VCOの構造について説明しています．

パターンの精度の特性インピーダンスについてのコラム記事もあります．

● 高周波PLLの設計
（2001年12月号，9ページ）

高周波発振器を応用したPLL(Phase-locked Loop)信号発生器の製作です（写真6）．

写真2　MMICを使ったロー・ノイズ・アンプの試作

写真3　HEMTを使ったロー・ノイズ・アンプの試作

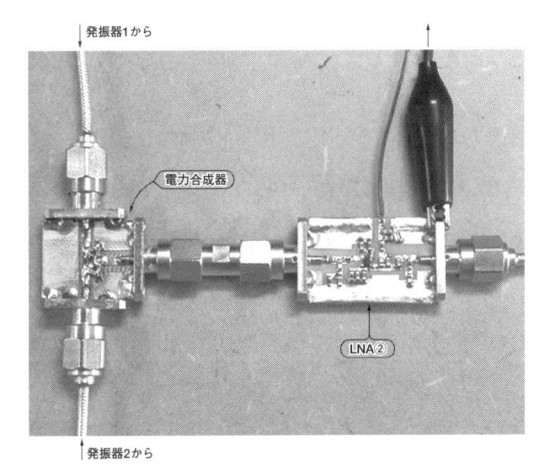

写真4　HEMTによるロー・ノイズ・アンプをアクティブ・ミキサとして機能させる実験

写真5　高周波VCOの試作

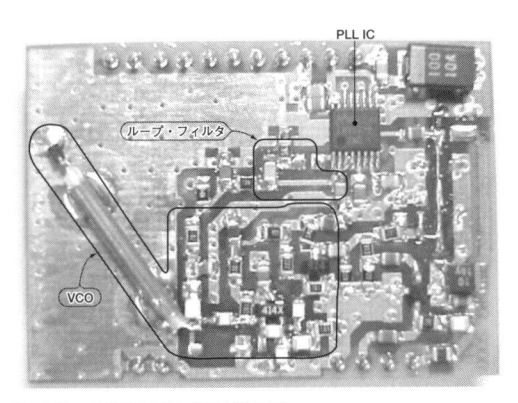

写真6　高周波PLL信号発生器

連載 高周波センスによるアナログ設計

(トランジスタ技術 2002年10月号〜2003年2月号)

全50ページ

高周波回路設計において，周波数にとらわれない設計技術を解説した連載です．連載開始当初は基礎知識の解説でしたが，2002年10月号の第8回から2003年2月号の第12回では，実際の回路の解説や実験を行っています．

● 高周波信号のスイッチ（2002年10月号,9ページ）

高周波回路の中でさまざまな用途で用いられるダイオードについて種類や特性を説明しています（写真7）．また，スイッチとしての使い方や実験を行っています（写真8）．

● 高周波信号の検波とミキシング
　（2002年11月号，11ページ）

高周波信号を検波する回路と高周波信号同士を混合する回路の解説と実験です（図2）．ダイオードなどの素子の乗算作用を利用したさまざまな回路が紹介されています．

● 高周波信号の増幅（2002年12月号，12ページ）

高周波信号を低ノイズ，低ひずみで増幅する回路の解説です．高周波広帯域増幅用MMICが数多く紹介されています．

高周波広帯域増幅回路を使って，スペクトラム・アナライザのノイズ・フロアを改善する実験を行っています．

● ディスクリートで作る高周波増幅回路
　（2003年1月号，10ページ）

トランジスタやFETなどのディスクリート部品を使った高周波増幅回路の解説です．トランジスタやFETの基本的な動作から説明されています．

● 高周波増幅回路の負帰還技術
　（2003年2月号，8ページ）

高周波増幅回路ならではの負帰還の効果とテクニックを解説しています．インピーダンス制御や周波数特性の改善についての説明があります．

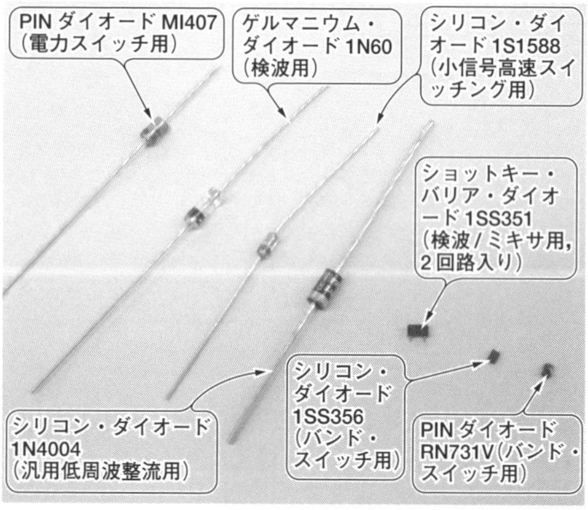

写真7　高周波ダイオード

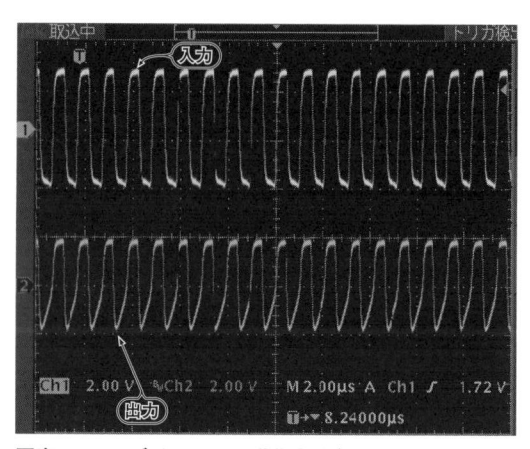

写真8　PINダイオードの動作実験（1MHz矩形波入力）

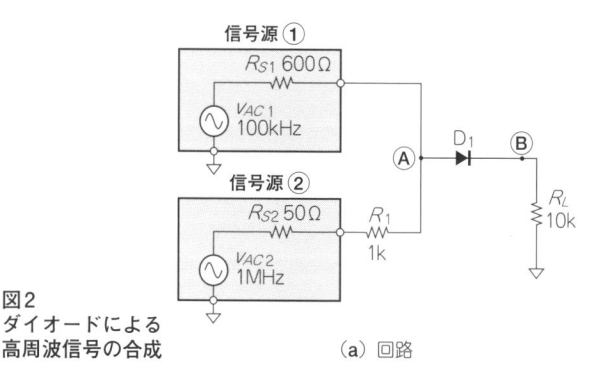

図2　ダイオードによる高周波信号の合成

(a) 回路

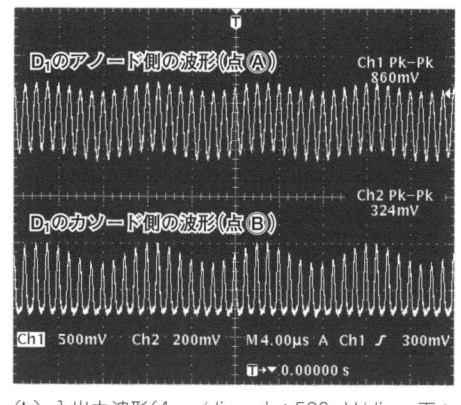

(b) 入出力波形（4 μs/div., 上：500mV/div., 下：200mV/div.）

高周波デバイス実用回路集

(トランジスタ技術 2003年1月号)

17ページ

現場で使われている回路を集めた特集「役立つ実用電子回路130」の一部です．以下のような多くの回路が紹介されています．

- チップ・コイルとチップ・コンデンサで作る190MHzのハイパス・フィルタ(写真9)
- マイクロストリップ線路(プリント・パターン)の1GHzローパス・フィルタ(図3)
- カットオフ周波数1GHzの3次バタワース・ローパス・フィルタ
- カットオフ周波数1GHzのチェビシェフ・ローパス・フィルタ
- カットオフ周波数1GHzのベッセル・ローパス・フィルタ
- 中心周波数1GHzのバンド・エリミネーション・フィルタ
- 中心周波数1.2GHzの2段バンド・エリミネーション・フィルタ
- 中心周波数1GHzのTWF(Traveling Wave Loop Direction Filter)バンド・エリミネーション・フィルタ
- 中心周波数1GHzで3dB帯域500MHzのバンド・エリミネーション・フィルタ
- PINダイオードで作る1GHz帯スイッチ
- MMICで作る100M～2.5GHzの高周波スイッチ
- 帯域10M～700MHz，ゲイン15dBの高周波アンプ
- 高速切り替えが可能な高周波スイッチ
- 1.9GHz，ゲイン18.6dBmの高周波アンプ
- 2GHz帯ノイズ・フロア3dBの広帯域ロー・ノイズ・アンプ
- 2GHz帯，ノイズ・フロア0.8dB以下のロー・ノイズ・アンプ
- 高周波トランジスタのアクティブ・バイアス回路
- 抵抗3本で作るインピーダンス変換回路
- 5GHz以上でも使える高周波ステップ・アッテネータ
- 帯域10M～1GHzの簡易高周波検波回路
- 2.4GHz帯の高周波検波回路
- 集中定数で作る1GHz電力分配＆合成回路
- 2.4GHz用3ブランチのブランチ・ライン分配器
- 出力差6dBの2.4GHzブランチ・ライン分配器
- ブランチ・ライン結合器を応用した1.6GHz可変位相器
- 1M～100MHzの高周波方向性結合器
- 1.5λラット・レースで作る1.2GHz帯ミキサ
- 狭帯域フィルタが不要なSSBミキサ
- 1.2GHzの非補償型不均等分配ウィルキンソン分配器
- 380MHz帯のロー・ノイズVCO

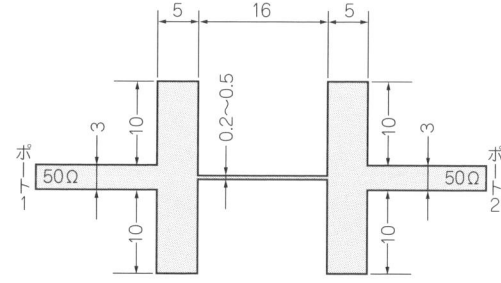

図3 マイクロストリップ線路(プリント・パターン)の1GHzローパス・フィルタ

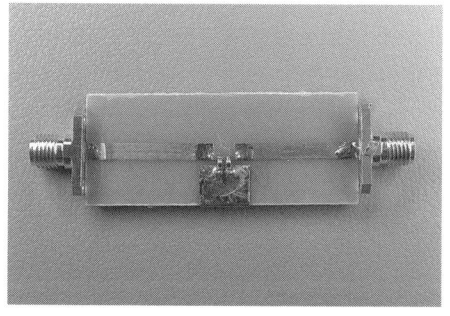

(a) 全体    (b) 拡大

写真9 チップ・コイルとチップ・コンデンサで作る190MHzのハイパス・フィルタ

5GHz帯の回路設計 はじめの一歩

(トランジスタ技術 2003年5月号)　10ページ

　無線LAN(IEEE 802.11a)のような5GHz帯の回路設計において，専用ICではなく，受動部品を使う場面で注意しなければならないさまざまな事項を解説しています．チップ・インダクタやチップ・コンデンサが，純粋にLやCとして機能しているかどうかから説明が始まります(図4)．

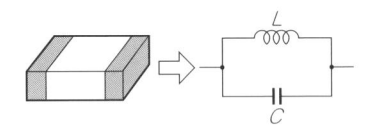

(a) チップ・インダクタの等価回路

(b) チップ・コンデンサの等価回路

図4　チップ・インダクタとチップ・コンデンサの等価回路

帯域500M～2.5GHzのウィルキンソン2分配器 / 分布定数素子を使った1GHzベッセルLPF / 中心周波数1GHz, 3dB帯域500MHzの分布定数素子を使ったBPF / コンデンサと分布定数素子を使った2.0GHz5次HPF / 分布定数素子とコンデンサを組み合わせた中心周波数1.5GHz, 帯域1GHzのBPF / カットオフ周波数190MHzの50Ω系HPF

(トランジスタ技術 2004年5月号)　4ページ

　「今月の定番・アイディア回路」と題するコーナで，表題の6種類の回路が紹介されています．

10dB @ 150M～400MHzの1石高周波アンプ / MMICを使ったシンプルな2.4GHz帯低雑音アンプ / HEMTを使ったNF 0.4dBの2.4GHz帯低雑音アンプ / プリント・パターンで作る1.2GHz帯の分配器

(トランジスタ技術 2004年9月号)　4ページ

　「今月の定番・アイディア回路」と題するコーナで，表題の4種類の回路が紹介されています．

1GHz→2GHz周波数逓倍器 / 1GHz→3GHz周波数3逓倍器 / 0.9GHz～3.1GHz方向性結合器 / アイソレーション特性の良い3GHz方向性結合器 / 信号の分配比を変えられるラットレース・ハイブリッド / 狭帯域の1GHzバンド・パス・フィルタ

(トランジスタ技術 2005年10月号)　3ページ

　「トラ技サーキット・ライブラリ」と題するコーナで，表題の6種類の回路が紹介されています．

高周波回路 設計便利帳

（トランジスタ技術 2004年10月号） 19ページ

　手元に置いておくと便利な表や計算式，定番回路などを集めた特集「保存版★エレクトロニクス設計便利帳」の中の高周波回路に関する章です．
・同軸伝送線路の特性インピーダンスの算出式
・高周波同軸ケーブルの電気的特性
・同軸伝送線路の種類と取り扱える周波数
・表皮効果と表皮の厚さ
・入出力インピーダンスと希望の減衰量からアッテネータの抵抗値を求める式
・3dBアッテネータの使用例
・希望の減衰量を実現するアッテネータの現実的な定数
・発振回路のタイプと発振周波数を求める式
・LC共振タイプの1GHz帯のクラップ発振回路
・同軸伝送線路を使った1GHz帯のクラップ発振回路
・2ポート回路とZ，Y，F，Sパラメータ
・Z，Y，Fパラメータが得意な接続形態
・パラメータの相互変換
・SパラメータとTパラメータとの変換
・パラメータ変換の利用法…寄生成分をキャンセルした特性評価
・インピーダンス・マッチング時の入射電力と負荷端に到達する電力の関係
・増幅回路の電力利得を求める式
・入出力マッチング時の電力利得を求める簡易式
・P_{1dB}とN次インターセプト・ポイント
・マッチングをずらして増幅回路を設計するときに便利な定利得円の描き方
・リターン・ロス換算表
・雑音が最小になる信号源インピーダンスと雑音指数の関係
・雑音が最小になる信号源インピーダンスと電力利得が最大になる信号源インピーダンスは違う
・高周波の基本単位 dBm，dBμ，dBm/Hz，dBc
・発振安定度を表す「Kファクタ」を求める式
・高周波アンプの入力側安定円の描き方
・高周波アンプの出力側安定円の描き方
・S_{12}を考慮したインピーダンス・マッチングの算出式
・高周波スイッチ回路（3例）

やってはいけない！発振＆高周波回路設計

（トランジスタ技術 2005年11月号） 6ページ

　プロのエンジニアが，これまで経験した，絶対にやってはいけない電子回路設計事例をまとめた特集「やってはいけない！」の一部です．高周波回路関係では，以下の事例があります．
・高周波増幅回路が発振－多段高周波アンプは回路ごとに電源をデカップリング
・熱設計に余裕がないと寿命が短くなる－RF MMICのバイアス決定時は寿命を考慮する

ワイヤレス回路のコモンセンス

（トランジスタ技術 2007年5月号） 10ページ

　設計に必要な知識や，いざというときにすぐ使える定番回路などを集めた特集「電子回路のコモンセンスA to Z」の一部です．以下の内容があります．
・電波を利用するためのマナー
・設計前に検討すべき事柄
・近距離通信機をシンプルに仕上げるには
・高周波でよく使われる部品（LCR，フィルタ，同軸コネクタ，同軸アッテネータ，同調コイル，DBM（Double Balanced Mixer），方向性結合器，サーキュレータ，アンテナ共用器）
・高周波特有の現象
・定番ICとその応用回路（アンテナ切り替え回路，ロー・ノイズ・アンプ回路2例，周波数変換回路，高周波増幅回路）
・高周波の部品メーカ

連載 RFデバイス実用回路集

(トランジスタ技術 2008年10月号〜2009年4月号)

全24ページ

- 19GHz帯のロー・ノイズ・アンプと帯域100M〜3GHzの可変ゲイン・アンプ
  (2008年10月号, 4ページ)
  ①アンプのON/OFFを簡単に切り替えられるバイパス・スイッチ付き1.9GHz帯ロー・ノイズ・アンプ
  ②100M〜3GHzで使用できゲイン制御範囲が50dBの電圧制御可変ゲイン・アンプ

- 帯域1M〜10GHzの検波回路と帯域50M〜1GHzの1Wアンプ
  (2008年11月号, 4ページ)
  ①ダイナミック・レンジ55dBの帯域1M〜10GHzの検波回路
  ②50M〜1GHzと広帯域で1W出力できる2出力の加算によるアンプ回路

- GHz帯アッテネータ
  (2008年12月号, 4ページ)
  ①1dBステップで最大31dBまで制御できる帯域100k〜4GHzの5ビット・ディジタル・アッテネータ
  ②電圧制御で最大32dBまで連続可変できる帯域DC〜8GHzのアナログ・アッテネータ

- 数GHz帯のオートマチック・レベル・コントロール回路とアンプ回路
  (2009年1月号, 4ページ)
  ①2.4GHz帯のRF信号のレベルを安定化するオートマチック・レベル・コントロール回路
  ②高周波計測器のプリアンプなどに使える帯域500M〜5GHz, ゲイン20dBのアンプ回路(写真10)
  ③テレビ受信用ブースタなどに使える帯域10M〜6GHz, ゲイン17〜22dBのアンプ回路(写真11)
  ④ノイズ・フィギュア1dBが得られる帯域400M〜2GHz, ゲイン20dBのアンプ回路

- DC〜数GHz帯の高速, 大電力用スイッチ回路
  (2009年2月号, 4ページ)
  ①スイッチの切り替えによるインピーダンスの変化が小さい帯域DC〜8GHzの非反射型SPDTスイッチ回路
  ②1個のICで一つの信号を八つの出力に切り替える帯域100M〜2.5GHzの非反射型SP8Tスイッチ回路
  ③PINダイオードを使った400WのパワーRFを切り替えるスイッチ回路

- 低損失スイッチ回路, 変調回路とアップコンバータ
  (2009年4月号, 4ページ)
  ①出力1WのRF信号を高速に切り替える帯域DC〜3GHzの低損失RFスイッチ回路(写真12)
  ②DC〜700MHzのベース・バンド信号を入力可能な帯域100M〜4GHzで使える変調回路
  ③不要な信号を減衰できフィルタを簡略化できる帯域700M〜2.7GHzのアップコンバート・ミキサ回路

写真10 帯域500M〜5GHz, ゲイン20dBのアンプ回路の評価基板

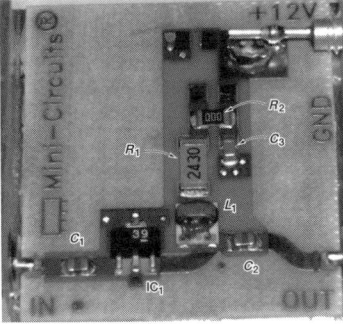

写真11 帯域10M〜6GHz, ゲイン17〜22dBのアンプ回路の評価基板

写真12 帯域DC〜8GHzの非反射型SPDTスイッチ回路のFR-4 両面基板の実装例

高速ディジタル伝送線路/高周波回路ほか

（トランジスタ技術 2010年5月号）　15ページ

ベテラン・エンジニアがよく使っている数式を集めた特集「エレクトロニクス数式集」の一部です．以下のような式が集まっています．
- 高周波アッテネータ（π型，T型）の抵抗値
- 通過域と減衰量からバタワース・フィルタの次数を求める
- 等リプル・カットオフ周波数と減衰量から急峻な減衰特性を持つBPF/LPF/HPFを作る
- 空芯コイルの巻き数と半径からインダクタンスを求める
- LとCの損失成分を求めた共振周波数を求める
- 電力の単位[dBm]と[W]の換算と電力値からRFパワー信号の遮断中にスイッチに加わる電圧を求める
- 反射係数と$VSWR$，リターン・ロス
- 測定器とターゲットとのインピーダンス・ミスマッチによるレベル測定の最大不確かさ
- 導体の発熱量やめっきの厚みが求まる表皮厚さ
- VCOの位相雑音性能を損なわない電源ノイズ・レベル
- PLLの位相比較器による位相雑音
- 同軸線路の特性インピーダンス/容量/インダクタンス/伝搬遅延時間
- マイクロストリップ線路の特性インピーダンスと伝搬遅延時間
- ストリップ線路の特性インピーダンスと伝搬遅延時間
- マイクロストリップ差動線路の特性インピーダンス
- ストリップ差動線路の特性インピーダンス
- ツイスト・ペア線の特性インピーダンス
- マイクロストリップ線路の直角折り曲げ部の切り欠き率

1GHz高感度フロントエンドの試作

（トランジスタ技術 2008年4月号）　10ページ

携帯電話やカー・ナビゲーション・システムに組み込まれる1GHz以上の高周波アナログ回路の設計過程を紹介しています．
- ロー・ノイズ・アンプの試作
- バンドパス・フィルタの設計

RFフロントエンドのしくみ

（トランジスタ技術 2008年11月号）　7ページ

特集「地デジ受信機のしくみと応用製作」の一部です．地上デジタル放送を受信するためのアナログ技術を解説しています．RFアンプ，局部発振器と周波数変換，IFアンプ，実際のフロントエンド・モジュールについて説明しています．

チップ部品で集中定数設計！ 2.4GHz BPFの製作研究

（トランジスタ技術 2010年8月号）　8ページ

2.4GHz 3次T型LCバンドパス・フィルタを設計し，ディスクリートのLC集中定数チップ部品で製作しています（図5）．

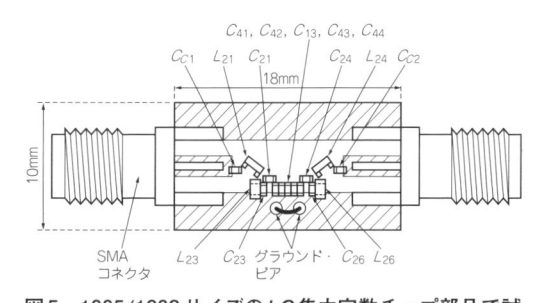

図5　1005/1608サイズのLC集中定数チップ部品で試作したBPF基板の実装状態

第7章　部　品

無線通信システムや高周波回路設計で使えるLCRや半導体
編集部

　ここでは，無線通信システムや高周波回路設計で使えるLCRやダイオード，トランジスタ，LSI，モジュールなどの部品に注目した記事を紹介します．

　本書付属CD-ROMにPDFで収録した高周波回路用の部品に関する記事の一覧を**表1**に示します．

表1 部品に関する記事の一覧（複数に分類される記事は，他の章で概要を紹介している場合がある．

記事タイトル	掲載号	ページ数	PDFファイル名
高周波ダイオードの基礎と応用	トランジスタ技術 2002年4月号	14	2002_04_161.pdf
高周波トランジスタの基礎と回路設計	トランジスタ技術 2002年4月号	11	2002_04_205.pdf
SiGeヘテロ接合トランジスタ誕生	トランジスタ技術 2002年4月号	1	2002_04_216.pdf
無線データ通信の実験（前編）	トランジスタ技術 2002年11月号	6	2002_11_111.pdf
無線データ通信の実験（後編）	トランジスタ技術 2002年12月号	6	2002_12_117.pdf
高周波におけるコンデンサの振る舞い	トランジスタ技術 2003年10月号	8	2003_10_157.pdf
コイルの種類と特徴	トランジスタ技術 2003年10月号	8	2003_10_171.pdf
コイルの性能を表すキーワード	トランジスタ技術 2003年10月号	2	2003_10_178.pdf
コイルが活躍する高周波回路あれこれ	トランジスタ技術 2003年10月号	3	2003_10_185.pdf
高周波におけるコイルの特性実験	トランジスタ技術 2003年10月号	7	2003_10_188.pdf
バイパス・スイッチ内蔵アンプIC MGA-72543	トランジスタ技術 2003年12月号	6	2003_12_263.pdf
高周波用電子回路の最新動向	トランジスタ技術 2004年2月号	5	2004_02_102.pdf
増幅もできるダウン・コンバータ IAM-91563	トランジスタ技術 2004年6月号	4	2004_06_237.pdf
高周波リレー/スイッチの種類と選択	トランジスタ技術 2004年8月号	10	2004_08_113.pdf
高周波ケーブル&コネクタの基礎と最新動向	トランジスタ技術 2004年11月号	10	2004_11_121.pdf
定番高周波デバイス図鑑	トランジスタ技術 2004年12月号	6	2004_12_116.pdf
高周波スイッチICの種類と使い方	トランジスタ技術 2004年12月号	8	2004_12_122.pdf
高周波リレーの種類と使い方	トランジスタ技術 2004年12月号	6	2004_12_130.pdf
最新の小型高周波リレー	トランジスタ技術 2004年12月号	1	2004_12_136.pdf
高周波用トランジスタの実力と使い方	トランジスタ技術 2004年12月号	11	2004_12_137.pdf
高周波増幅用MMICの定番とその使い方	トランジスタ技術 2004年12月号	14	2004_12_148.pdf
高周波パワー・アンプの特徴と使い方	トランジスタ技術 2004年12月号	10	2004_12_162.pdf
ディバイダ/コンバイナの種類と使い方	トランジスタ技術 2004年12月号	9	2004_12_172.pdf
ミキサの動作原理と実デバイスの特性	トランジスタ技術 2004年12月号	6	2004_12_181.pdf
高周波PLL用ICの使い方とトラブルシュート	トランジスタ技術 2004年12月号	10	2004_12_187.pdf
低雑音高周波トランジスタNESG2031M05の実力を見る	トランジスタ技術 2005年4月号	4	2005_04_245.pdf
高周波回路の電子部品選びコモンセンス	トランジスタ技術 2005年8月号	9	2005_08_164.pdf
ワンチップ無線トランシーバIC CC1020	トランジスタ技術 2005年11月号	9	2005_11_203.pdf
アンプ&検波回路内蔵のワンチップ・マイコン μPD789863/4試用レポート	トランジスタ技術 2006年2月号	10	2006_02_259.pdf
無線通信機能付きPSoC「PRoC」登場！	トランジスタ技術 2006年12月号	8	2006_12_185.pdf
微弱電波受信IC MAX7042	トランジスタ技術 2007年5月号	7	2007_05_233.pdf
ワンチップ無線送受信IC TRC101	トランジスタ技術 2008年6月号	9	2008_06_247.pdf
無線通信モジュールの活用	Design Wave Magazine 2001年10月号	14	dw2001_10_051.pdf

特集 ダイオード/トランジスタ完全理解

(トランジスタ技術 2002年4月号) 全26ページ

ダイオードとトランジスタにフォーカスした新人向け特集のうちの，高周波回路向けの記事です．

● 高周波ダイオードの基礎と応用(14ページ)

高周波回路に適するダイオードとして，
・PINダイオード
・可変容量ダイオード
・ショットキー・バリア・ダイオード
の特徴や使い方を，実験しながら解説しています(写真1)．

● 高周波トランジスタの基礎と回路設計(11ページ)

高周波回路用のトランジスタ/FETについて，部品の形状や特性について解説しています．また，具体的な回路例として，39M～45MHz，ゲイン13dBの増幅回路と高周波スイッチャ(広帯域増幅回路と高周波スイッチ回路)を設計しています．

● SiGeヘテロ接合トランジスタ誕生(1ページ)

Siトランジスタより高周波特性に優れるSiGeトランジスタの概要を説明した記事です．

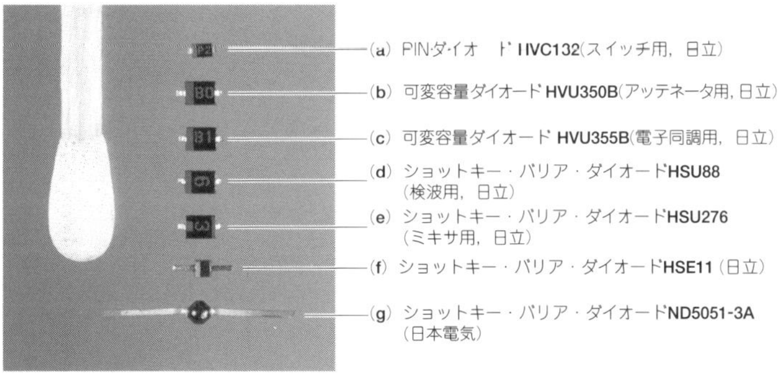

写真1 高周波回路用ダイオード
(a) PINダイオード IVC132(スイッチ用，日立)
(b) 可変容量ダイオード HVU350B(アッテネータ用，日立)
(c) 可変容量ダイオード HVU355B(電子同調用，日立)
(d) ショットキー・バリア・ダイオード HSU88(検波用，日立)
(e) ショットキー・バリア・ダイオード HSU276(ミキサ用，日立)
(f) ショットキー・バリア・ダイオード HSE11(日立)
(g) ショットキー・バリア・ダイオード ND5051-3A(日本電気)

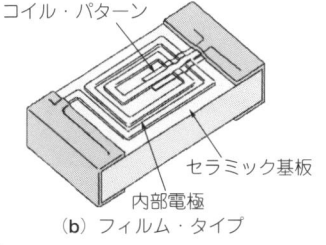

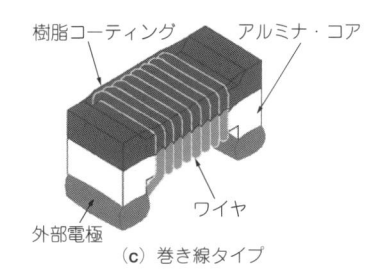

連載 電子部品の最新動向と活用技術

(トランジスタ技術 2004年2月号～11月号) 全25ページ

● 高周波用電子回路の最新動向
(2004年2月号，5ページ)

チップ型の抵抗，コンデンサ，インダクタ(図1)，フィルタ，送受信モジュールなどの高周波用部品について説明しています．

● 高周波リレー/スイッチの種類と選択
(2004年8月号，10ページ)

信号経路のON/OFFや切り替えで用いられる高周波リレーと半導体スイッチに関する解説です．高周波リレー，GaAs MMICスイッチ，RF MEMSスイッチについて解説しています．

● 高周波ケーブル&コネクタの基礎と最新動向
(2004年11月号，10ページ)

送受信機とアンテナの接続などで用いられる同軸ケーブルと同軸コネクタに関する解説です．この二つについて，それぞれ構造や特性，選択法を説明しています．

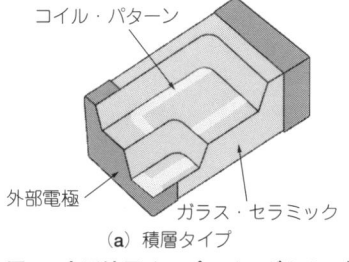

図1 高周波用チップ・インダクタの構造
(a) 積層タイプ — コイル・パターン，外部電極，ガラス・セラミック
(b) フィルム・タイプ — コイル・パターン，内部電極，セラミック基板
(c) 巻き線タイプ — 樹脂コーティング，アルミナ・コア，外部電極，ワイヤ

特集 コンデンサとコイルと回路の世界

(トランジスタ技術 2003年10月号)　　　全28ページ

当たり前のように使われているコンデンサとコイルにフォーカスした特集のうち，高周波回路向けの記事です．

● **高周波におけるコンデンサの振る舞い(8ページ)**
高周波回路におけるコンデンサの特性を，実験を通して説明しています（写真2）．高周波回路では，自己共振周波数以上ならインダクタンスの性質を持つことなどが示されています．

● **コイルの種類と特徴(8ページ)**
コイルを巻き線の構造や実装形態，磁芯材料で分けて分類し，特徴を説明しています．また，回路ごとの使い方についても説明しています．高周波回路にコイルを配置する際の注意点もあります．

● **コイルの性能を表すキーワード(2ページ)**
電源回路用と高周波用に分けて，コイルの性能を表す用語を解説しています．高周波回路用のコイルでは，Qファクタと自己共振周波数についての説明があります．

● **コイルが活躍する高周波回路あれこれ(3ページ)**
コイルが使われる高周波回路として，MMICを使った低ノイズ・アンプ，FETを使った低ノイズ・アンプ，検波器を説明しています．

● **高周波におけるコイルの特性実験(7ページ)**
高周波回路におけるコイルの特性について，自己共振周波数以上ではコンデンサの性質を持つことや，同じインダクタンス値を持つコイルでも種類によって周波数特性が違うことを，実験を通して説明しています．

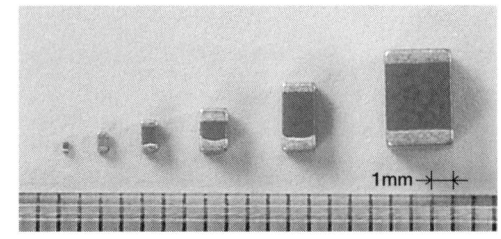

写真2　積層セラミック・チップ・コンデンサ

高周波回路の電子部品選びコモンセンス

(トランジスタ技術 2005年8月号)　9ページ

ホビー用ラジコン装置と産業用無線データ通信モデムを例に，高周波回路で使われる部品の選定や使い方を解説しています（写真3）．高周波回路に関する用語解説もあります．

写真3　産業用無線データ通信モデムで使われている高周波部品

無線通信モジュールの活用

(Design Wave Magazine 2001年10月号)　14ページ

無線通信技術に関する十分な知識を持たない人が無線システムを開発する際に便利な，無線モジュールについての解説です（写真4）．無線を利用するに当たって不可欠な規制の問題についての説明もあります．

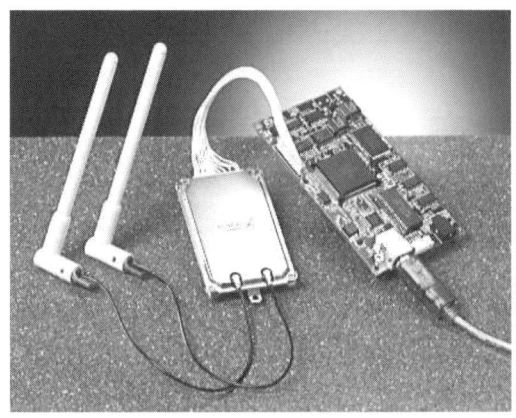

写真4　2.4GHz帯無線通信ユニットの活用例

特集 高周波デバイス実践活用法

(トランジスタ技術 2004年12月号)

全81ページ

高周波回路設計で便利に使える定番デバイスを,実際に回路に組み込んで評価しながら紹介した特集です.

- 定番高周波デバイス図鑑(6ページ)

高周波回路で使われている定番デバイスの外観と概要を紹介しています.

- 高周波スイッチICの種類と使い方(8ページ)

高周波スイッチのうちのGaAs MMICスイッチについて,特徴や種類,応用回路などを説明しています.

- 高周波リレーの種類と使い方(6ページ)

機械接点式の高周波リレーについて,特徴や種類,応用回路などを説明しています(写真5).

- 最新の小型高周波リレー(1ページ)

TO-5型やBGA(Ball Grid Array)といった小型パッケージの高周波リレーについて説明しています(写真6).

- 高周波用トランジスタの実力と使い方(11ページ)

Si-BJT,Si-MOSFET,Si-JFET,GaAs-MESFET,GaAs-HEMT,GaAs-HBTといった高周波回路で使われるトランジスタについて,特徴や種類,応用回路などを説明しています.

- 高周波増幅用MMICの定番品とその使い方(14ページ)

マイクロ波用の1チップ増幅用ICであるMMICについて,定番品のリストと設計事例です.

- 高周波パワー・アンプの特徴と使い方(10ページ)

高周波パワー・アンプのうち,移動体無線機用パワー・モジュールと2.4GHz帯の無線LAN用を紹介しています(写真7).

- ディバイダ/コンバイナの種類と使い方(9ページ)

高周波の信号を分配するディバイダと,合成するコンバイナについて,特徴と種類,特性を説明しています.

- ミキサの動作原理と実デバイスの特性(6ページ)

二つの交流信号を入力し,それらの和もしくは差の周波数を持つ信号を出力するミキサについて,特徴と種類,特性を説明しています.

- 高周波PLL用ICの使い方とトラブルシュート(10ページ)

45M～1.2GHzで使えるPLL ICについて使い方を説明し,実験を行っています.また,一般的なPLLシステムで発生しがちなトラブルと,その対策法も解説しています.

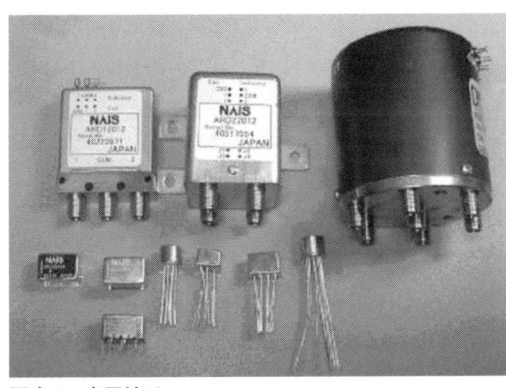

写真5 高周波リレー

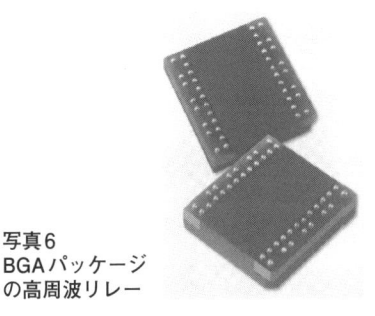

写真6 BGAパッケージの高周波リレー

写真7 モジュール・タイプの高周波アンプ
(a) H46S
(b) H2S
(c) H11S

低雑音高周波トランジスタ NESG2031M05の実力を見る

（トランジスタ技術 2005年4月号） **4ページ**

　バイポーラ・トランジスタより高い周波数で利用できるSiGe-HBTを使って低ノイズ・アンプを試作し，実験により性能を評価した記事です（**写真8**）．シミュレーションによって性能を予測し，実際の回路との比較を行っています．

写真8　SiGe-HBTを使った低ノイズ・アンプ

ワンチップ無線トランシーバIC CC1020

（トランジスタ技術 2005年11月号） **9ページ**

　UHF帯（402M～470MHz，804M～940MHz）の無線トランシーバIC CC1020の紹介記事です（**図2**）．ICの機能説明や，マイコンとのインターフェース回路例，評価ボードを使った開発方法などについて説明しています．

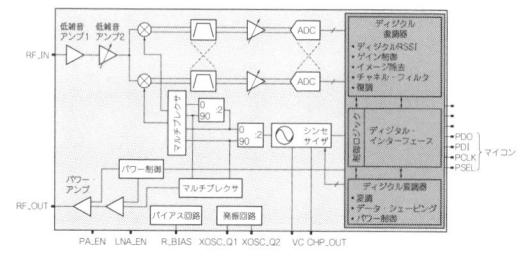

図2　ワンチップ無線トランシーバIC CC1020

アンプ＆検波回路内蔵の ワンチップ・マイコン μPD789863/4試用レポート

（トランジスタ技術 2006年2月号） **10ページ**

　センサ用のアナログ回路やLF検波回路といった特徴的な回路を内蔵する78K0SマイコンμPD789863/4の紹介記事です（**写真9**）．LF検波回路の使い方についての具体的な説明やLF送信機の設計事例があります．

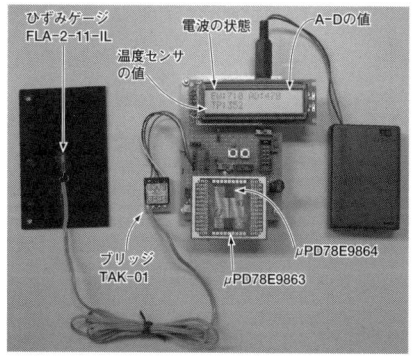

写真9　アンプ＆検波回路内蔵のワンチップ・マイコンμPD789863/4の実験回路

無線通信機能付きPSoC 「PRoC」登場！

（トランジスタ技術 2006年12月号） **8ページ**

　PSoCマイコンに無線通信機能を組み込んだPRoC（Programmable Radio-on-a-Chip）の紹介記事です（**図3**）．WirelessUSBに対応しており，そこで用いられている技術についても解説しています．

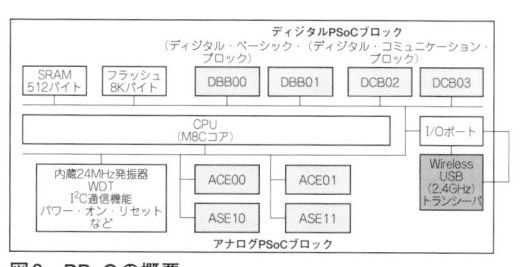

図3　PRoCの概要

微弱電波受信IC MAX7042

（トランジスタ技術 2007年5月号）　**7ページ**

　スタンバイ電流が20nAと少なく，間欠動作させることでコイン電池で2年間動作する受信機を作れる微弱電波受信IC MAX7042の紹介記事です（**写真10**）．308M〜433MHzに対応しており，ノイズに強いFSKを採用しています．

写真10　微弱電波受信IC MAX7042
(a) 表面　(b) 裏面

ワンチップ無線送受信IC TRC101

（トランジスタ技術 2008年6月号）　**9ページ**

　免許不要の微弱無線に適合する送受信IC TRC101の紹介記事です．315MHz帯に対応しています．ICの特徴のほか，無線システム開発手順や，ホスト・マイコン向けソフトウェア開発のための基礎についても説明しています（**写真11**）．

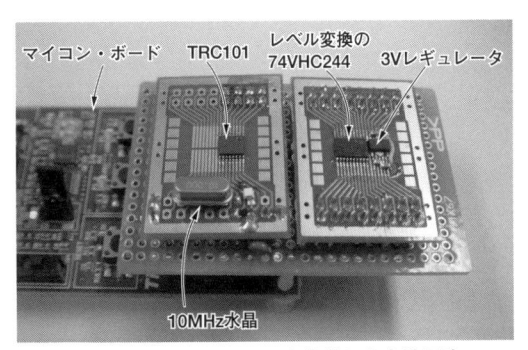

写真11　TRC101とマイコンを接続した実験回路

気になる超高周波デバイス！

（トランジスタ技術 2003年12月号〜2004年6月号）　**全10ページ**

　入手可能な数多くの高周波向け部品の中から，筆者が気になる部品について，実験・評価するコーナです．

- バイパス・スイッチ内蔵アンプIC MGA-72543
  （2003年12月号，6ページ）

　低ノイズの小信号増幅器とバイパス・スイッチを1チップに搭載するIC MGA-72543を取り上げています（**図4**）．

- 増幅もできるダウン・コンバータIAM-91563
  （2004年6月号，4ページ）

　周波数変換だけでなく，増幅もできるダウン・コンバータIC IAM-91563を取り上げています（**図5**）．

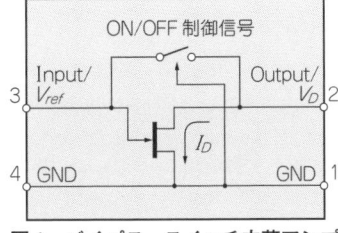

図4　バイパス・スイッチ内蔵アンプIC MGA-72543のブロック図

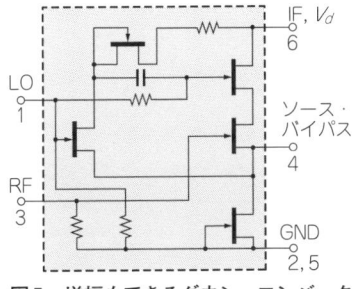

図5　増幅もできるダウン・コンバータIAM-91563のブロック図

第8章 実装技術

基板のパターン設計やノイズ対策
編集部

　ここでは，高周波回路におけるパターン設計やノイズ対策などに注目した記事を紹介します．一般的な回路のパターン設計だけでなく，プリント・パターン自体でフィルタを構成する事例などもあります．プリント基板のパターンでアンテナを実現する技術に関する記事は第9章で取り上げています．

　本書付属CD-ROMにPDFで収録した実装技術に関する記事の一覧を**表1**に示します．

表1　実装技術に関する記事の一覧（複数に分類される記事は，他の章で概要を紹介している場合がある）

記事タイトル	掲載号	ページ数	PDFファイル名
実装とプリント・パターン設計	トランジスタ技術 2003年3月号	8	2003_03_227.pdf
高周波用プリント基板の設計ポイント	トランジスタ技術 2003年6月号	10	2003_06_191.pdf
広帯域＆高周波回路の配線実例集	トランジスタ技術 2005年6月号	6	2005_06_170.pdf
高周波はパターン設計が重要	トランジスタ技術 2007年11月号	1	2007_11_162.pdf
高周波LCフィルタ基板設計の勘所	トランジスタ技術 2009年8月号	8	2009_08_165.pdf
アプリケーションを意識した高周波回路の実装設計	Design Wave Magazine 2001年11月号	6	dw2001_11_058.pdf
マイクロストリップ・フィルタのしくみを調べる（その1）	Design Wave Magazine 2003年3月号	7	dw2003_03_127.pdf
マイクロストリップ・フィルタのしくみを調べる（その2）	Design Wave Magazine 2003年5月号	7	dw2003_05_115.pdf
高周波信号におけるノイズの発生のメカニズムとその対策	Design Wave Magazine 2003年7月号	6	dw2003_07_078.pdf
配線の周りの電界と磁界	Design Wave Magazine 2004年3月号	8	dw2004_03_115.pdf
電磁シールドのしくみ	Design Wave Magazine 2005年11月号	8	dw2005_11_079.pdf
電磁波吸収のしくみ	Design Wave Magazine 2005年12月号	8	dw2005_12_123.pdf
近傍界の電磁エネルギーを吸収する	Design Wave Magazine 2006年1月号	9	dw2006_01_119.pdf
筐体内の電磁界とEMC問題（その1）	Design Wave Magazine 2006年9月号	8	dw2006_09_127.pdf
筐体内の電磁界とEMC問題（2）	Design Wave Magazine 2006年10月号	9	dw2006_10_123.pdf
配線レイアウトの電磁界シミュレーションを体験する	Design Wave Magazine 2009年2月号	10	dw2009_02_034.pdf

実装とプリント・パターン設計
（トランジスタ技術 2003年3月号） 8ページ

高周波回路の性能を引き出すための部品実装方法やプリント・パターンの描き方についての解説です．ON/OFFスイッチ付きの10M～15MHzバンドパス・フィルタや，10MHzローパス・フィルタ，エミッタ共通回路のプリント・パターンの事例を元にしています（図1）．

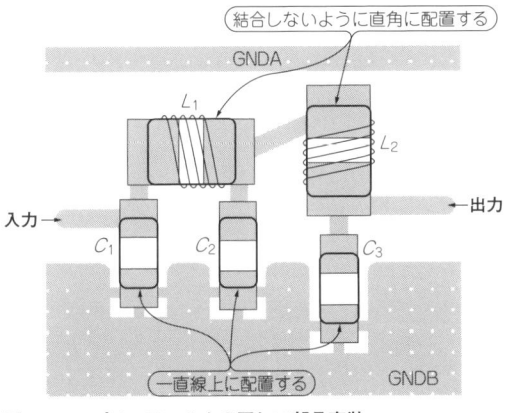

図1 ローパス・フィルタの正しい部品実装

高周波用プリント基板の設計ポイント
（トランジスタ技術 2003年6月号） 10ページ

高周波基板を設計するときに意識すべき事項として，設計時の心得と常識，設計手順などについて解説しています．また，プリント・パターンの長さとビアの位置が特性に与える影響についても具体的に説明しています．

高周波はパターン設計が重要
（トランジスタ技術 2007年11月号） 1ページ

高周波信号にはマイクロストリップ線路が適することから，多層基板でマイクロストリップ線路を構成する方法，高周波を意識したパターンの例などがあります．

広帯域＆高周波回路の配線実例集
（トランジスタ技術 2005年6月号） 6ページ

「プリント基板の配線術＆実例集」の一部です．
- DC～2.5GHzを切り替えるRFスイッチ
- 4GHz帯のVCO

のパターン例が，配線のコツとともに解説されています．

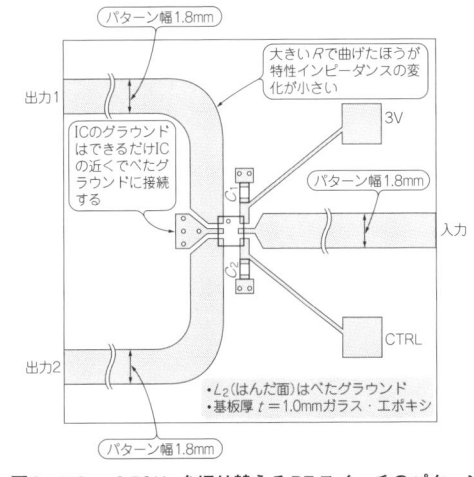

図2 DC～2.5GHzを切り替えるRFスイッチのパターン

高周波LCフィルタ基板設計の勘所
（トランジスタ技術 2009年8月号） 8ページ

バターワース型フィルタを例に，回路の設計手順から試作・評価までを解説しています．シミュレーション結果と，プリント基板に実装して動作させた結果とを比較し，差異の原因を探って改善する過程が示されています（写真1）．

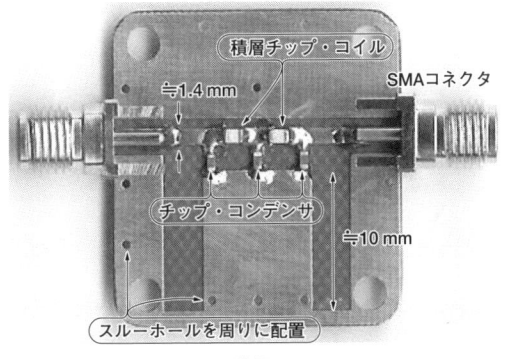

写真1 高周波LCフィルタ基板

連載 もう一度学ぶ電磁気学の世界

(Design Wave Magazine 2004年3月号〜2006年10月号)

全50ページ

高周波回路を扱う上で重要になる電磁気学を分かりやすく解説することを目的とした連載です．記事の多くは電磁気の基礎解説ですが(第12章で紹介している)，パターン設計やノイズ対策の基本となる以下のようなテーマの記事もあります．

- 配線の周りの電界と磁界
  (2004年3月号，8ページ)
  電界と磁界を，身近にある送電線を例に解説しています(図3)．
- 電磁シールドのしくみ
  (2005年11月号，8ページ)
  外部からの電磁波の侵入を阻止し，かつ，電磁波ノイズを放出しないための電磁シールの仕組みを解説しています(図4)．
- 電磁波吸収のしくみ(2005年12月号，8ページ)
  空間に放出された電磁波を捕捉し吸収する仕組みを解説しています(図5)．
- 近傍界の電磁エネルギーを吸収する
  (2006年1月号，9ページ)
  放射物の近傍に分布している電磁エネルギーを吸収する方法を解説しています．
- 筐体内の電磁界とEMC問題(その1)
  (2006年9月号，8ページ)
  導波管内の電磁界を詳しく観察し，伝送路以外の用途として，EMCやアンテナとの関係を説明しています．
- 筐体内の電磁界とEMC問題(その2)
  (2006年10月号，9ページ)
  筐体内の共振の状態を調べ，EMC問題との関連を考察しています．

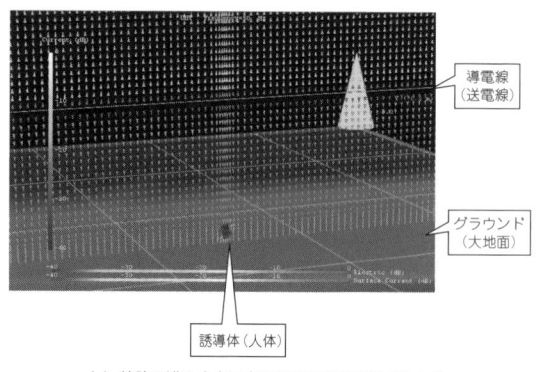

(a) 線路の進む方向に水平な平面内の電界ベクトル

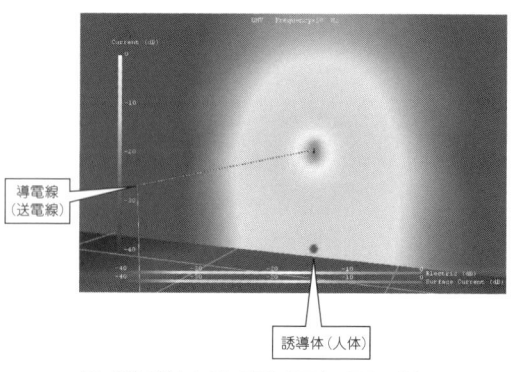

(b) 線路の進む方向に垂直な平面内の電界の分布

図3 直径2cmの導体線を高さ20mの位置で走らせた送電線のシミュレーション

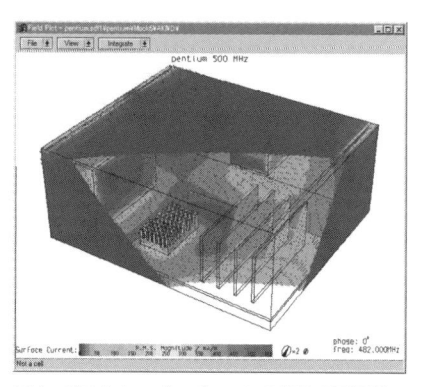

図4 デスクトップ・パソコンの導体表面電流

図5
多層構造の電磁波吸収体

(a) 多層コア型

(b) ピラミッド型

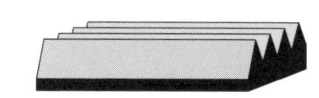

(c) ウェッジ型

アプリケーションを意識した高周波回路の実装設計

（Design Wave Magazine 2001年11月号）

6ページ

　高周波回路をプリント基板やLSIなどに実装する場合の基本として，以下のような事項について解説しています．
- 配線長と分布定数線路設計の関係
- 代表的な分布定数線路の構造
- 特性インピーダンス
- 表皮深さ
- 携帯電話用高周波モジュールの回路と基板の例（図6）

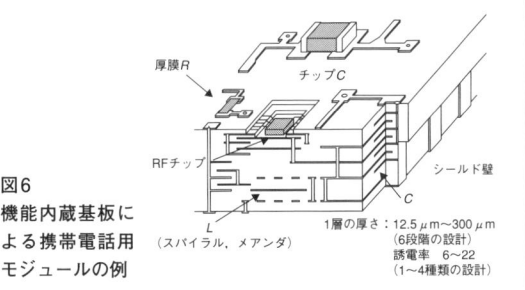

図6 機能内蔵基板による携帯電話用モジュールの例

マイクロストリップ・フィルタのしくみを調べる

（Design Wave Magazine 2003年3月号/5月号）

(その1) 7ページ　(その2) 7ページ

　その1では，電磁界解析ソフトウェアを，マイクロストリップ線路構造で実現するフィルタの設計に役立てる方法を解説しています（図7）．

　その2では，マイクロストリップ線路構造で実現するフィルタを例に，測定結果とシミュレーション結果の違いの原因を考察しています．

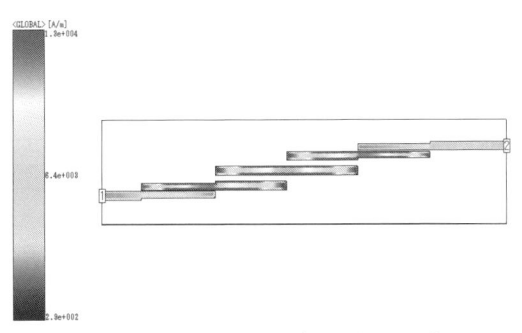

図7 中心周波数2.45GHzのエッジ結合型バンドパス・フィルタのシミュレーション（2.45GHz時）

高周波信号におけるノイズの発生のメカニズムとその対策

（Design Wave Magazine 2003年7月号）

6ページ

　マイクロストリップ線路やストリップ線路の構造，特性インピーダンスの計算方法を解説しています．また，クロストーク・ノイズや反射ノイズ，グラウンド・バウンスなどの発生原因と対策も説明しています（図8）．

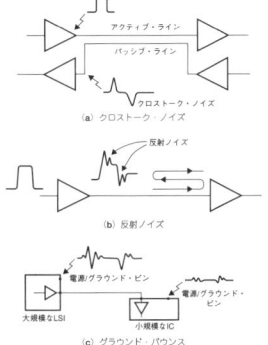

図8 基板上の電気的なノイズ

配線レイアウトの電磁界シミュレーションを体験する

（Design Wave Magazine 2009年2月号）

10ページ

　無償版の電磁界シミュレータ「Sonnet Lite」を使って，プリント基板の配線レイアウトを事前に検討し，設計に生かす方法の解説です．具体例として，マイクロストリップ線路から，配線のコーナ部や接近線路のクロストーク，差動線路などをシミュレーションしています（図9）．

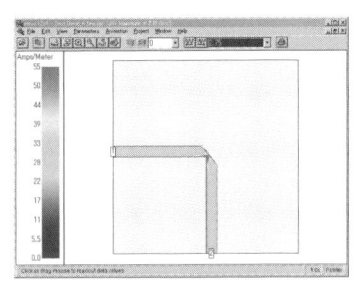

図9 コーナをカットしたマイクロストリップ線路の表面電流分布

第9章 アンテナ

空間を信号が伝送する仕組みと設計手法
編集部

　ここでは，無線通信などで用いられるアンテナに注目した記事を紹介します．空間が信号の伝送路となる原理を解説した記事が中心です．ICカードや無線モジュールでは，プリント基板のパターンでアンテナを構成する技術もあります．ただし，高周波回路におけるプリント基板のパターン設計の一般的な解説は第8章で取り上げています．

　本書付属CD-ROMにPDFで収録したアンテナに関する記事の一覧を**表1**に示します．

表1　アンテナに関する記事の一覧(複数に分類される記事は，他の章で概要を紹介している場合がある)

記事タイトル	掲載号	ページ数	PDFファイル名
アンテナ工学の良書	トランジスタ技術 2001年6月号	1	2001_06_332.pdf
シリコン基板上のコイルとアンテナの電磁界を解析する	Design Wave Magazine 2002年1月号	9	dw2002_01_046.pdf
小型ループ・アンテナのインピーダンス・マッチング方法	Design Wave Magazine 2002年8月号	8	dw2002_08_159.pdf
磁界を調べるとわかること(その1)	Design Wave Magazine 2002年9月号	6	dw2002_09_146.pdf
磁界を調べるとわかること(その2)	Design Wave Magazine 2002年10月号	7	dw2002_10_130.pdf
磁界を調べるとわかること(その3)	Design Wave Magazine 2002年12月号	7	dw2002_12_144.pdf
空間という名の伝送線路	Design Wave Magazine 2004年11月号	8	dw2004_11_139.pdf
電磁界シミュレータで電波を描く	Design Wave Magazine 2005年1月号	8	dw2005_01_128.pdf
アンテナの近傍界・遠方界とEMI	Design Wave Magazine 2005年3月号	9	dw2005_03_088.pdf
900MHz帯RFIDタグのアンテナ	Design Wave Magazine 2005年4月号	9	dw2005_04_136.pdf
13.56MHz RFIDタグのしくみ	Design Wave Magazine 2005年5月号	8	dw2005_05_133.pdf
13.56MHz RFIDの実際	Design Wave Magazine 2005年6月号	8	dw2005_06_133.pdf
パソコンによるコイルの設計支援	Design Wave Magazine 2005年8月号	8	dw2005_08_091.pdf
最近の無線通信動向とアダプティブ・アレイ・アンテナの技術	Design Wave Magazine 2007年12月号	8	dw2007_12_080.pdf
ディジタル・ビーム形成受信機のプロトタイプ設計	Design Wave Magazine 2007年12月号	10	dw2007_12_088.pdf
スマート・アンテナのビーム・フォーミング技術	Design Wave Magazine 2007年12月号	14	dw2007_12_098.pdf
到来方向推定システムの基礎と実装例	Design Wave Magazine 2007年12月号	7	dw2007_12_112.pdf

シリコン基板上のコイルとアンテナの電磁界を解析する

(Design Wave Magazine 2002年1月号)

9ページ

電磁界シミュレータ「Sonet Lite」の活用法を解説した記事です．シリコン基板上のスパイラル・インダクタとマイクロストリップ・アンテナ(パッチ・アンテナ)のモデルを作成し，動作を確認しています(図1)．

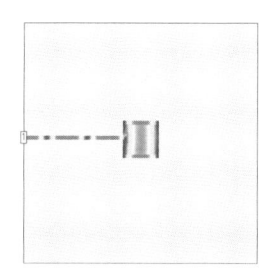

図1 パッチ・アンテナの表面電流分布

連載 電磁界解析ソフトで何がわかるか

(Design Wave Magazine 2002年8月号～12月号)

全28ページ

13.56MHz非接触ICカードのアンテナ(コイル)の動作を調べています(図2)．

- 小型ループ・アンテナのインピーダンス・マッチング方法(2002年8月号，8ページ)
- 磁界を調べるとわかること(その1)
  (2002年9月号，6ページ)
- 磁界を調べるとわかること(その2)
  (2002年10月号，7ページ)
- 磁界を調べるとわかること(その3)
  (2002年12月号，7ページ)

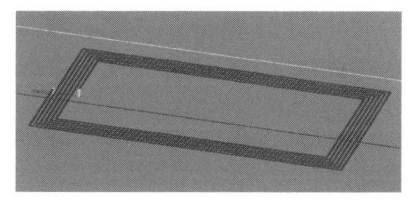

図2 RFIDタグのアンテナ(コイル)のモデル

連載 もう一度学ぶ電磁気学の世界

(Design Wave Magazine 2004年11月号)

全58ページ

高周波回路を扱う上で重要になる電磁気学を分かりやすく解説することを目的とした連載の一部です．

空間が伝送路になる仕組みや，アンテナの周りの電磁界の様子(図3)，RFIDタグのアンテナの設計法(図4)などについて，電磁気学の理論とともに解説しています．

- 空間という名の伝送線路
  (2004年11月号，8ページ)
- 電磁界シミュレータで電波を描く
  (2005年1月号，8ページ)
- アンテナの近傍界・遠方界とEMI
  (2005年3月号，9ページ)
- 900MHz帯RFIDタグのアンテナ
  (2005年4月号，9ページ)
- 13.56MHz RFIDタグのしくみ
  (2005年5月号，8ページ)
- 13.56MHz RFIDの実際
  (2005年6月号，8ページ)
- パソコンによるコイルの設計支援
  (2005年8月号，8ページ)

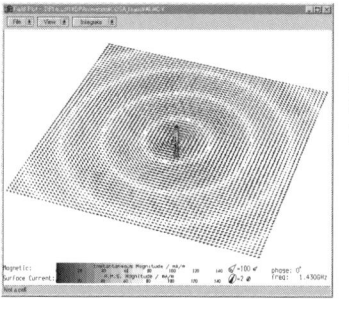

図3 半波長ダイポール・アンテナを送信アンテナとしたときの磁界

図4 RFIDリーダのコイルとタグのコイルのモデル

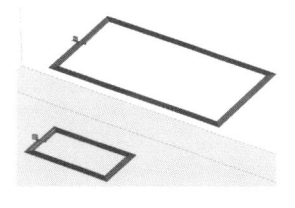

特集2 ワイヤレス通信の効率を高める信号処理回路設計

(Design Wave Magazine 2007年12月号)

全39ページ

複数のアンテナ素子を用い，それらが送受信する信号の振幅や位相を制御することで指向性を高めるアダプティブ・アレイ・アンテナ技術を解説した特集です．受信感度を向上するための信号処理回路の設計事例もあります．

● **最近の無線通信動向とアダプティブ・アレイ・アンテナの技術(8ページ)**

アダプティブ・アレイ・アンテナ技術の基礎的な考え方を解説しています(図5)．

移動通信システムの動向や規格，アダプティブ・アレイ信号処理にFPGAを活用する利点についての説明もあります．

● **ディジタル・ビーム形成受信機のプロトタイプ設計(10ページ)**

アダプティブ・アレイの基本動作であるディジタル・ビーム形成法の原理を，プロトタイプ・ハードウェアの設計とともにを解説しています．

FPGAのLUTを用いたFIRフィルタの設計法についての説明もあります．

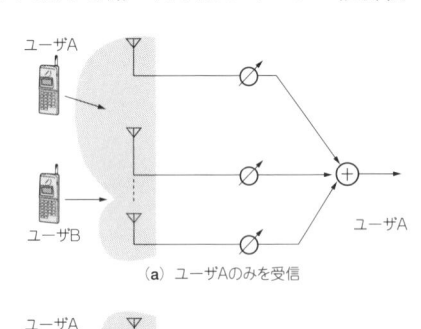

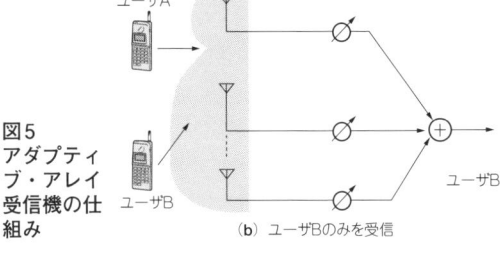

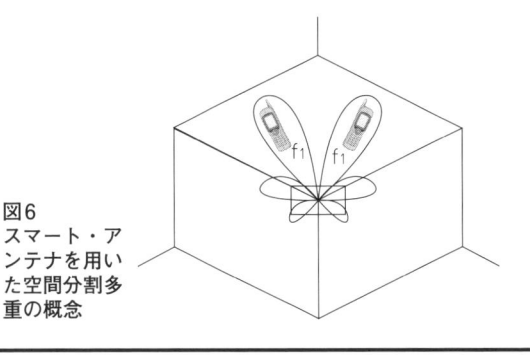

● **スマート・アンテナのビーム・フォーミング技術(14ページ)**

MIMO(Multiple Input Multiple Output)技術とともに用いられるスマート・アンテナ技術について，基本原理と信号処理の実装法を解説しています(図6)．

通信回路で用いられるCORDICアルゴリズムについての説明もあります．

● **到来方向推定システムの基礎と実装例(7ページ)**

アレイ・アンテナを用いた電波の到来方向推定の基本原理と，推定でよく利用されている多重信号分離法についての解説です(図7)．FPGAへの実装例の紹介もあります．

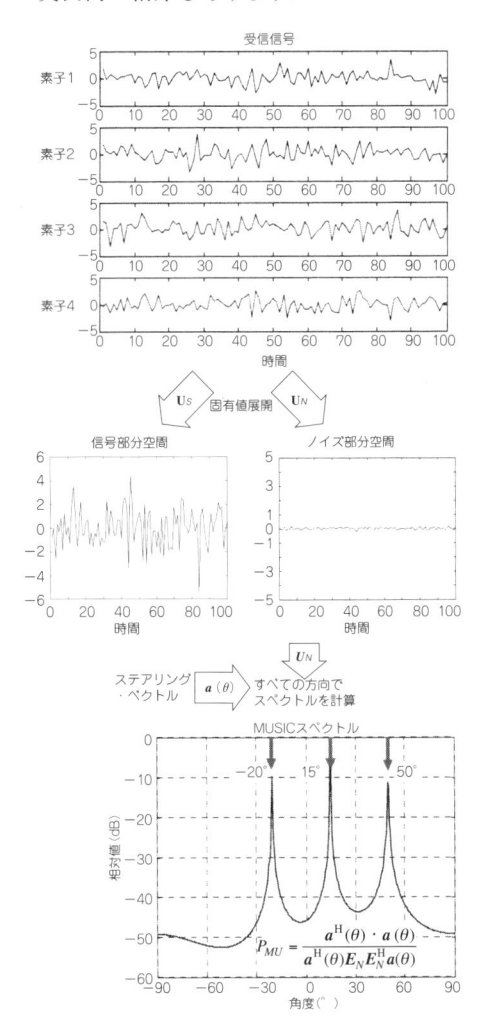

図5 アダプティブ・アレイ受信機の仕組み
(a) ユーザAのみを受信
(b) ユーザBのみを受信

図6 スマート・アンテナを用いた空間分割多重の概念

$$P_{MU} = \frac{a^{H}(\theta) \cdot a(\theta)}{a^{H}(\theta) E_N E_N^{H} a(\theta)}$$

図7 多重信号分離法の概念

第10章　設計事例

高周波アナログ回路の応用と無線通信機器の製作
編集部

　ここでは，高周波アナログ回路や無線通信モジュールを用いた機器の設計事例記事を紹介します．「トランジスタ技術」では，具体的な製作事例を元に回路設計技術を解説している記事も多いので，第6章の回路設計など，技術解説を目的とした記事の中にも設計事例が含まれています．

　本書付属CD-ROMにPDFで収録した設計事例に関する記事の一覧を**表1**に示します．

表1　設計事例に関する記事の一覧（複数に分類される記事は，他の章で概要を紹介している場合がある）

記事タイトル	初出	ページ数	PDFファイル名
高周波プローブの製作	トランジスタ技術 2002年1月号	6	2002_01_135.pdf
「簡易テルミン」の製作	トランジスタ技術 2002年2月号	6	2002_02_131.pdf
「携帯ニャん」の製作	トランジスタ技術 2002年3月号	6	2002_03_131.pdf
金属探知機の製作	トランジスタ技術 2002年4月号	6	2002_04_131.pdf
ゲート・ディップ・メータの製作	トランジスタ技術 2002年5月号	6	2002_05_107.pdf
超再生検波ラジオの製作	トランジスタ技術 2002年6月号	6	2002_06_115.pdf
2石FMワイヤレス・マイクの製作	トランジスタ技術 2002年7月号	6	2002_07_125.pdf
テレビ・トランスミッタの製作	トランジスタ技術 2002年8月号	6	2002_08_131.pdf
AMワイヤレス・マイクの製作	トランジスタ技術 2002年9月号	6	2002_09_107.pdf
自転車ファインダの製作	トランジスタ技術 2002年10月号	6	2002_10_119.pdf
無線データ通信の実験（前編）	トランジスタ技術 2002年11月号	6	2002_11_111.pdf
無線データ通信の実験（後編）	トランジスタ技術 2002年12月号	6	2002_12_117.pdf
文字放送のしくみとチューナ/フィルタの製作	トランジスタ技術 2005年3月号	7	2005_03_230.pdf
文字データを復調しパソコンに表示する	トランジスタ技術 2005年4月号	8	2005_04_237.pdf
AM送信機の製作（前編）	トランジスタ技術 2006年1月号	7	2006_01_262.pdf
AM送信機の製作（後編）	トランジスタ技術 2006年2月号	8	2006_02_233.pdf
無線でコントロールできる加速度計の製作	トランジスタ技術 2006年2月号	11	2006_02_248.pdf
送信機の製作	トランジスタ技術 2006年3月号	7	2006_03_215.pdf
AM受信機の製作	トランジスタ技術 2006年3月号	10	2006_03_252.pdf
受信機の製作	トランジスタ技術 2006年4月号	8	2006_04_254.pdf
低消費電力マイコン PIC12F629	トランジスタ技術 2008年2月号	9	2008_02_184.pdf
ラジオ時報で時刻を校正する高精度ディジタル時計の製作	トランジスタ技術 2008年7月号	9	2008_07_243.pdf
ステップ・アッテネータの製作	トランジスタ技術 2008年11月号	5	2008_11_158.pdf
地デジ用ワンチップUHFブースタの製作	トランジスタ技術 2008年11月号	6	2008_11_170.pdf
62.5kbpsのDSSS無線IC PRoCを使ったリモコン・スイッチの製作	トランジスタ技術 2009年5月号	10	2009_05_223.pdf
無線LAN変換器WiPortによる電子メール受信チェッカの製作	トランジスタ技術 2009年5月号	8	2009_05_233.pdf
FM送信機の製作プロジェクト	トランジスタ技術 2009年7月号	2	2009_07_238.pdf
FM送信機用アンテナの製作と実験	トランジスタ技術 2009年8月号	2	2009_08_234.pdf
ネットワークから制御できる学習型赤外線リモコンの製作	トランジスタ技術 2009年10月号	9	2009_10_201.pdf
ストレート方式長波ラジオの製作	トランジスタ技術 2009年11月号	6	2009_11_183.pdf
ディジタルFMチューナ向けアナログ・フロントエンドの製作	トランジスタ技術 2009年12月号	12	2009_12_208.pdf

連載　作りながら学ぶ初めての高周波回路

(トランジスタ技術 2002年1月号～12月号)

全72ページ

高周波回路を実際に作ることで，高周波の世界を感じようという趣旨の連載です．比較的製作しやすい事例が集まっています．

- 高周波プローブの製作(2002年1月号，6ページ)
  高周波電圧を測るためのプローブです．
- 「簡易テルミン」の製作(2002年2月号，6ページ)
  アンテナに手を近づけたり遠ざけたりすることで音を変化させる電子楽器です(写真1)．
- 「携帯ニャん」の製作(2002年3月号，6ページ)
  携帯電話の電波を検知して着信を知らせる装置です(写真2)．
- 金属探知機の製作(2002年4月号，6ページ)
  電磁波を使った金属探知機です．
- ゲート・ディップ・メータの製作
  (2002年5月号，6ページ)
  未知の共振器の共振周波数を調べる装置です．
- 超再生検波ラジオの製作
  (2002年6月号，6ページ)
  回路が簡単な超再生検波方式のAM/FM受信機です(写真3)．
- 2石FMワイヤレス・マイクの製作
  (2002年7月号，6ページ)
  免許が不要な微弱電波を用いたFMワイヤレス・マイクです．
- テレビ・トランスミッタの製作
  (2002年8月号，6ページ)
  アナログ・ビデオ信号の映像を無線送信する装置です．
- AMワイヤレス・マイクの製作
  (2002年9月号，6ページ)
  AMラジオに電波を飛ばすワイヤレス・マイクです．
- 自転車ファインダの製作
  (2002年10月号，6ページ)
  駐輪場などで自分の自転車を探し出すことのできる装置です．
- 無線データ通信の実験(前編)
  (2002年11月号，6ページ)
- 無線データ通信の実験(後編)
  (2002年12月号，6ページ)
  送受信機を1チップで構成できるICを活用した無線データ通信装置です(写真4)．

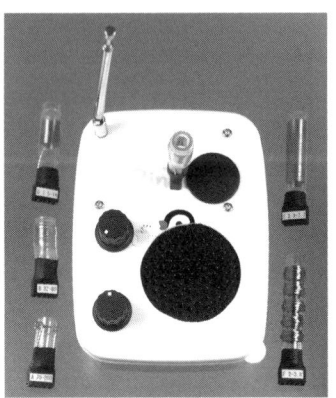

写真1　電子テルミン

写真3　超再生検波ラジオ

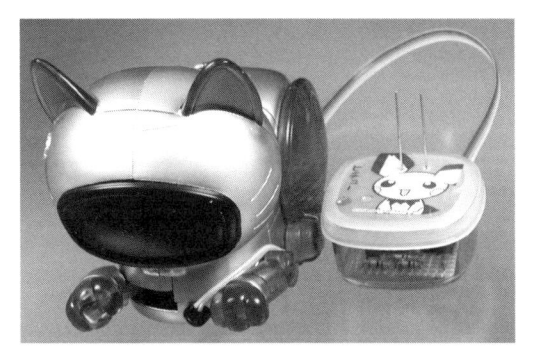

写真2　携帯ニャん

写真4　無線データ通信装置

文字多重放送受信機の製作

(トランジスタ技術 2005年3月号/4月号)

前編 7ページ **後編 8ページ**

受信した電波からデータを抽出してパソコンに表示する，FM文字多重放送受信機です(**写真5**)．入手が難しい専用のLSIを使用せずに実現しています．

- **文字放送のしくみとチューナ/フィルタの製作**
 (2005年3月号，7ページ)

 文字多重放送の仕組みを解説した後，FMチューナ回路と76kHzバンドパス・フィルタ回路を設計しています．

- **文字データを復調しパソコンに表示する**
 (2005年4月号，8ページ)

 後編では，遅延検波回路，クロック再生・データ整形回路，データ転送回路といったハードウェアと，パソコンで表示するためのソフトウェアを製作しています．

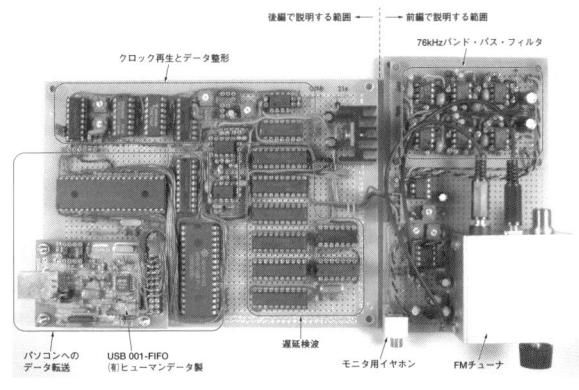

写真5 FM文字多重放送受信機

無線でコントロールできる加速度計の製作

(トランジスタ技術 2006年2月号) **11ページ**

3軸の加速度や傾きをリアルタイムに測定し，測定データを無線送信する加速度計です(**写真6**)．測定対象に取り付けて使用できるように，電池で動作します．無線通信には，特定小電力無線モジュールを利用しています．

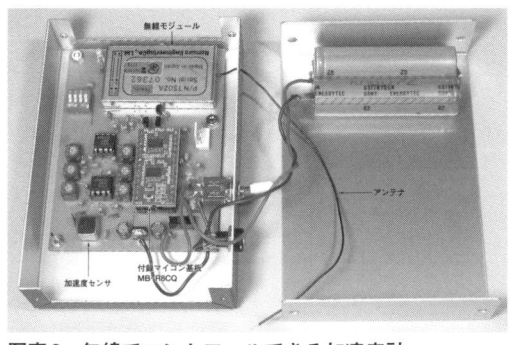

写真6 無線でコントロールできる加速度計

低消費電力マイコン PIC12F629

(トランジスタ技術 2008年2月号) **9ページ**

低電圧・低消費電力で動作する少ピンPICマイコンPIC12F629を使って，無線タグ・システムを製作しています(**写真7**)．電池レスで動作させることを想定した部品の選択法や，具体的な回路の設計について解説しています．

無線タグの原理についても説明があります．

(a) 表面　　(b) 裏面
写真7 無線タグ

ラジオ時報で時刻を校正する高精度ディジタル時計の製作

（トランジスタ技術 2008年7月号）　9ページ

　ラジオ放送の時報を利用して時刻を校正する機能を持つディジタル時計です（**写真8**）．時刻管理やLCD表示などのCPU処理のみならず，フィルタなどのアナログ処理にも，PSoCマイコンの内蔵機能ブロックを活用しています．

写真8　ラジオ時報で時刻を校正する高精度ディジタル時計

ステップ・アッテネータの製作

（トランジスタ技術 2008年11月号）　5ページ

　地上デジタル放送の受信マージンを確認するために用いる可変式のアッテネータ（信号減衰器）です（**写真9**）．2dBステップで最大10dBの減衰が可能です．地上デジタル放送の周波数範囲470M～710MHzで±1dBの精度を，調整なしで実現できるような工夫をしています．

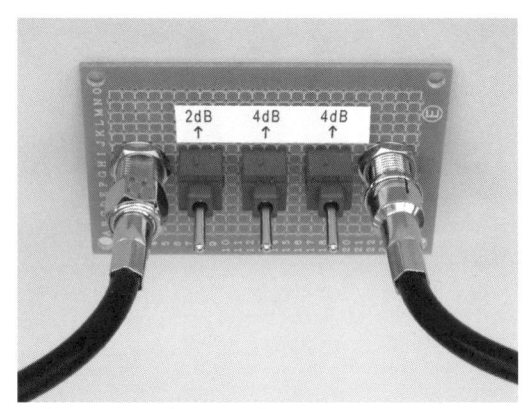

写真9　ステップ・アッテネータ

地デジ用ワンチップUHFブースタの製作

（トランジスタ技術 2008年11月号）　6ページ

　複数の地上デジタル放送用UHFブースタを製作しています．
・NFが1.5dBと小さい10dBブースタ（**写真10**）
・利得が20dBと大きいブースタ
・1.5GHz帯域でNFが5dBの広帯域増幅ICを用いた15dBブースタ
・1.2GHz帯域のMMICを用いた15dBブースタ

写真10　10dBブースタ

62.5kbpsのDSSS無線IC PRoCを使ったリモコン・スイッチの製作

（トランジスタ技術 2009年5月号）　10ページ

　無線機能を内蔵したPSoCマイコンのPRoCを使用したリモコン・スイッチです．アマチュア無線機器として保証認定を受けることができる評価ボードを活用しています（**写真11**）．Wireless USBの解説もあります．

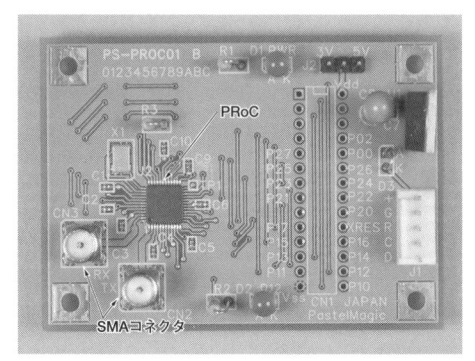

写真11　リモコン・スイッチの製作で使用したPRoCボード

無線LAN変換器WiPortによる電子メール受信チェッカの製作

（トランジスタ技術 2009年5月号）　8ページ

電子メールの着信があった場合に，送信者の情報とともに着信を知らせる装置です（**写真12**）．複数のアカウントについて，任意の周期でメールの着信を確認します．サーバ機能を持つ無線LANモジュールを使って実現しています．

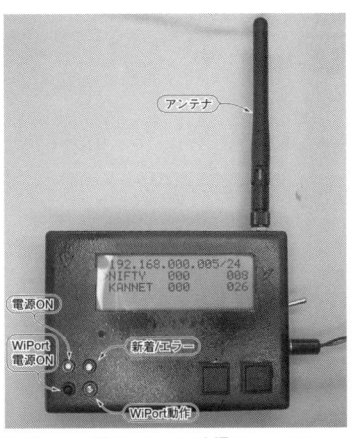

写真12　電子メール受信チェッカ

ネットワークから制御できる学習型赤外線リモコンの製作

（トランジスタ技術 2009年10月号）　9ページ

ネットワーク経由で赤外線通信対応機器を制御する装置です（**写真13**）．電波ではなく光を使った無線通信の事例になります．赤外LEDを使った送信以外に，コマンドの学習のために赤外線受光モジュールも搭載しています．

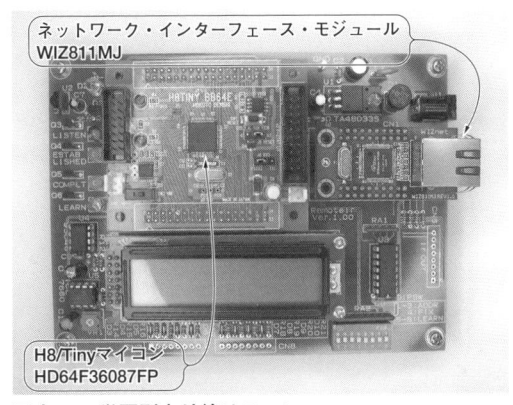

写真13　学習型赤外線リモコン

ストレート方式長波ラジオの製作

（トランジスタ技術 2009年11月号）　6ページ

150k～280kHzに対応した長波ラジオです（**写真14**）．ストレート方式を採用し，2段の高周波増幅回路に挟まれたバンドパス・フィルタの設計がキモになっています．2種類のAM受信ICを利用できます．

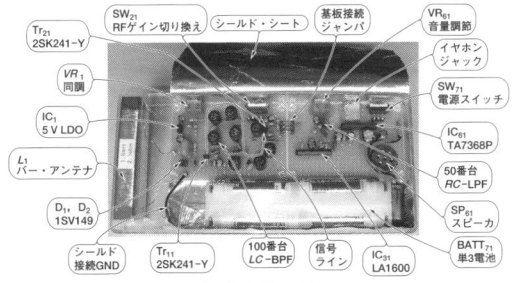

写真14　ストレート方式長波ラジオ

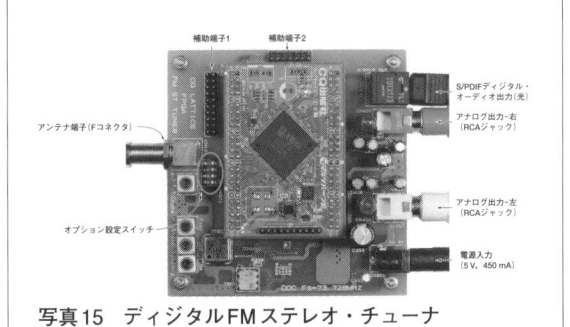

ディジタルFMチューナ向けアナログ・フロントエンドの製作

（トランジスタ技術 2009年12月号）　12ページ

FPGAを用いたディジタルFMステレオ・チューナです（**写真15**）．受信した信号をディジタル信号処理によってベース・バンドに変換する仕組みですが，この記事ではFM信号を受けるアナログ・フロントエンド部に注目して解説しています．

写真15　ディジタルFMステレオ・チューナ

第11章 検 証

高周波信号の測定方法とトラブル対策
編集部

　ここでは，無線通信システムや高周波回路を設計・製作した後で，所望の特性が得られているかどうかを測定したり，期待通りに動作しない場合に原因を探り対策を施す方法を解説した記事を紹介します．また，測定の種類や測定方法などの解説記事もあります．ただし開発初期段階における各種シミュレータの活用方法などの話題は第5章で取り上げています．

　本書付属CD-ROMにPDFで収録した検証に関する記事の一覧を表1に示します．

表1　検証に関する記事の一覧(複数に分類される記事は，他の章で概要を紹介している場合がある)

記事タイトル	掲載号	ページ数	PDFファイル名
2.4GHz帯無線LANシステムの評価法のすべて	トランジスタ技術 2001年7月号	11	2001_07_248.pdf
高周波回路のトラブル対策	トランジスタ技術 2003年9月号	21	2003_09_168.pdf
高周波回路測定の基礎知識	トランジスタ技術 2003年9月号	9	2003_09_238.pdf
高周波回路のトラブル対策2題 1. 水晶発振器の周波数がある温度でジャンプする 2. BPFを入れてあるのに2次高調波が減衰しない	トランジスタ技術 2003年10月号	2	2003_10_241.pdf
高周波電子電圧計のしくみ	トランジスタ技術 2004年5月号	4	2004_05_244.pdf
スプリアスの測定	トランジスタ技術 2004年6月号	5	2004_06_241.pdf
スペクトラム・アナライザの使い方	トランジスタ技術 2004年7月号	4	2004_07_242.pdf
通過特性の測定（前編）	トランジスタ技術 2004年8月号	4	2004_08_255.pdf
通過特性の測定（後編）	トランジスタ技術 2004年9月号	4	2004_09_235.pdf
高周波電力の測定	トランジスタ技術 2004年10月号	5	2004_10_246.pdf
正弦波や変調波の周波数測定	トランジスタ技術 2004年11月号	5	2004_11_247.pdf
反射特性の測定（その1）	トランジスタ技術 2004年12月号	4	2004_12_233.pdf
反射特性の測定（その2）	トランジスタ技術 2005年1月号	4	2005_01_241.pdf
FM受信機の感度測定	トランジスタ技術 2005年2月号	5	2005_02_217.pdf
AM受信機の感度測定	トランジスタ技術 2005年3月号	4	2005_03_237.pdf
高調波ひずみとP_{1dB}の測定	トランジスタ技術 2005年4月号	4	2005_04_233.pdf
IP_3の測定	トランジスタ技術 2005年5月号	4	2005_05_221.pdf
直流と高周波信号を分離できるバイアス・ティー	トランジスタ技術 2005年7月号	1	2005_07_292.pdf
高調波を手軽に除去できる同軸型LPF	トランジスタ技術 2005年9月号	1	2005_09_276.pdf
5M〜1GHzで使える1Wパワー・アンプ・アダプタ	トランジスタ技術 2006年1月号	1	2006_01_276.pdf
高周波測定に欠かせない3端子アダプタ	トランジスタ技術 2006年3月号	1	2006_03_280.pdf
デバッグを行う	Design Wave Magazine 2004年7月号	7	dw2004_07_116.pdf
RFIDのトラブルとリアルタイム・スペアナによる検証	Design Wave Magazine 2005年7月号	8	dw2005_07_040.pdf
Certified Wireless USB対応機器の検証の勘どころ	Design Wave Magazine 2006年11月号	16	dw2006_11_098.pdf

連載 高周波測定のA to Z

(トランジスタ技術 2004年5月号～2005年5月号)

全56ページ

高周波回路の周波数特性や反射特性，非線形生特性，雑音特性，インピーダンス特性，感度などを測定する際に用いる測定器や測定の方法，測定原理を解説した連載です(図1)．

- 高周波電子電圧計のしくみ
  (2004年5月号，4ページ)
- スプリアスの測定(2004年6月号，5ページ)
- スペクトラム・アナライザの使い方
  (2004年7月号，4ページ)
- 通過特性の測定(前編)(2004年8月号，4ページ)
- 通過特性の測定(後編)(2004年9月号，4ページ)
- 高周波電力の測定(2004年10月号，5ページ)
- 正弦波や変調波の周波数測定
  (2004年11月号，5ページ)
- 反射特性の測定(その1)
  (2004年12月号，4ページ)
- 反射特性の測定(その2)
  (2005年1月号，4ページ)
- FM受信機の感度測定(2005年2月号，5ページ)
- AM受信機の感度測定(2005年3月号，4ページ)
- 高調波ひずみとP_{1dB}の測定
  (2005年4月号，4ページ)
- IP_3の測定(2005年5月号，4ページ)

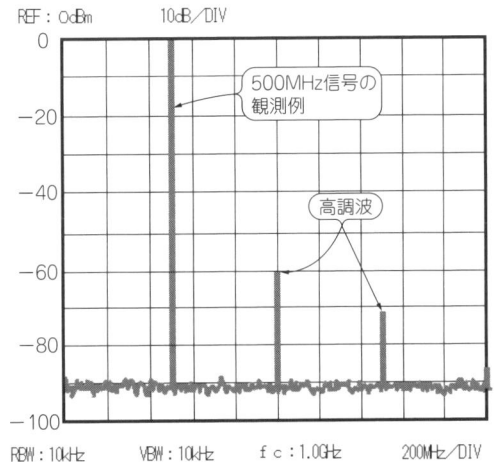

図1 スペクトラム・アナライザによる測定結果の例

高周波回路のトラブル対策

(トランジスタ技術 2003年9月号)　21ページ

分野ごと，症状ごとにトラブルの原因を調査するためのチャートなどを示しながら，故障箇所などを特定する手順を紹介した特集「保存版★電子回路のトラブル対策」の高周波回路部分です．以下のような解説があります．

・小信号高周波回路の故障解析手順
・送受信装置の故障解析手順
・トラブル事例① - 集中定数フィルタが計算通りの特性にならない
・トラブル事例② - ユニット単体では性能が出るのに組み合わせると性能が出ない
・トラブル事例③ - PLLがロックしない
・トラブル事例④ - CPUのクロックがPLLに回り込む
・トラブル事例⑤ - モジュール入力のVSWRが悪い

高周波回路測定の基礎知識

(トランジスタ技術 2003年9月号)　9ページ

高周波回路の測定方法や測定器に関する解説です．

・どのような測定器を使って何を測定するのか
・どのような方法で測定するのか
・測定の際にどんなツールがあると便利なのか

などについて説明しています(写真1)．数多くの測定器が写真とともに紹介されています．

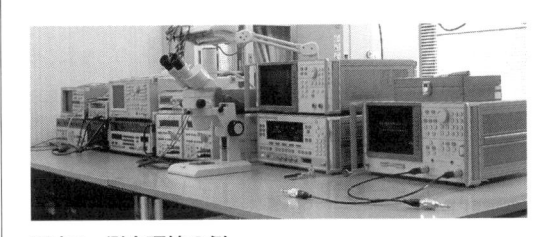

写真1 測定環境の例

連載 My tools！
（トランジスタ技術 2005年7月号～2006年3月号）

全4ページ

　エンジニアが開発の現場で利用しているちょっとしたツールを紹介する連載です．高周波回路関連では以下のようなツールが取り上げられました（写真2）．

- 直流と高周波信号を分離できるバイアス・ティー（2005年7月号，1ページ）
- 高調波を手軽に除去できる同軸型LPF（2005年9月号，1ページ）
- 5M～1GHzで使える1Wパワー・アンプ・アダプタ（2006年1月号，1ページ）
- 高周波測定に欠かせない3端子アダプタ（2006年3月号，1ページ）

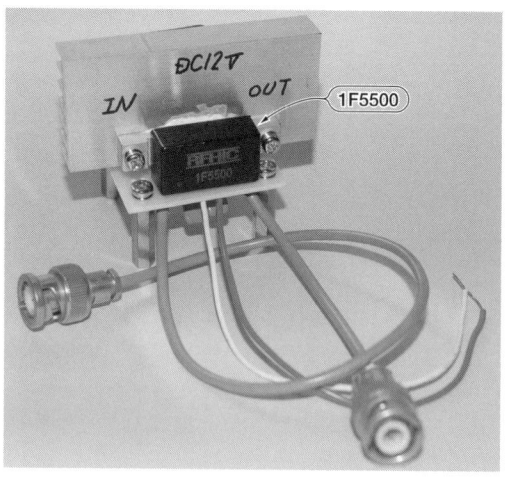

（a）パワー・アンプ・アダプタ

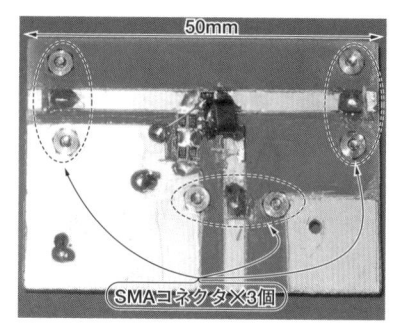

（b）3端子アダプタ

写真2　高周波回路の測定などで活用できるツール

高周波回路のトラブル対策2題
（トランジスタ技術 2003年10月号）　2ページ

　以下のトラブルについて，具体的な症状と原因，対策方法について解説しています．
- 水晶発振器の周波数がある温度でジャンプする
- バンドパス・フィルタを入れてあるのに2次高調波が減衰しない

RFIDのトラブルとリアルタイム・スペアナによる検証
（Design Wave Magazine 2005年7月号）　8ページ

　RFIDの普及に伴って生じる電波干渉やアンテナの偏波，リーダの読み取りエラーなどの問題を取り上げています．RFIDのリーダ/ライタとタグの間の通信で予想されるトラブルについて，リアルタイム・スペクトラム・アナライザを用いて検証する方法を説明しています（図2）．

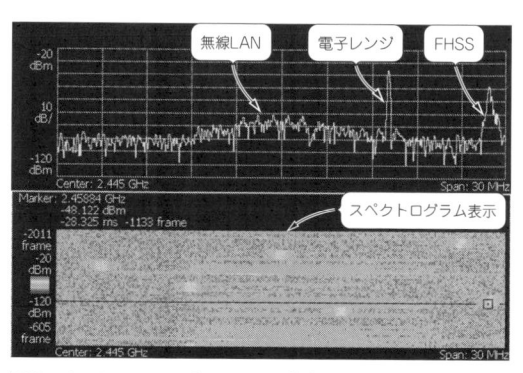

Certified Wireless USB 対応機器の検証の勘どころ
（Design Wave Magazine 2006年11月号）　16ページ

　無線接続を利用したUSBプロトコル仕様のCertified Wireless USBについて，物理層のデータ構造や解析方法を解説しています．また，コンプライアンス・テストの基準についての説明もあります．

図2　2.4GHz ISMバンドの干渉実験の測定例

第12章 高周波設計入門

信号の特性や電磁気理論，法規制
編集部

ここでは，本書のテーマである無線通信や高周波設計の基礎理論を解説した記事を紹介します．高周波回路における信号の特性や，信号が空間を伝わる原理などのほか，無線装置を扱う上で欠かせない法規制の話題も扱っています．

本書付属CD-ROMにPDFで収録した高周波設計入門に関する記事の一覧を表1に示します．

表1 高周波設計入門に関する記事の一覧（複数に分類される記事は，他の章で概要を紹介している場合がある）

記事タイトル	掲載号	ページ数	PDFファイル名
マイクロ波回路設計に関するおすすめの書	トランジスタ技術2001年11月号	1	2001_11_332.pdf
周波数にとらわれない設計センス	トランジスタ技術2002年3月号	10	2002_03_239.pdf
電力伝送の基本テクニック「整合」	トランジスタ技術2002年4月号	8	2002_04_252.pdf
不整合時の伝送線路の信号のようす	トランジスタ技術2002年5月号	8	2002_05_213.pdf
インピーダンス変換	トランジスタ技術2002年6月号	9	2002_06_222.pdf
高周波回路設計の良書	トランジスタ技術2002年6月号	1	2002_06_284.pdf
スミス・チャートを使いこなす①	トランジスタ技術2002年7月号	11	2002_07_231.pdf
スミス・チャートを使いこなす②	トランジスタ技術2002年8月号	8	2002_08_241.pdf
高周波パラメータ	トランジスタ技術2002年9月号	10	2002_09_213.pdf
ディジタル変復調の良書	トランジスタ技術2002年9月号	1	2002_09_276.pdf
高周波信号のスイッチ	トランジスタ技術2002年10月号	9	2002_10_227.pdf
IC応用回路と低周波＆高周波回路設計の入門書	トランジスタ技術2002年10月号	1	2002_10_288.pdf
高周波信号の検波とミキシング	トランジスタ技術2002年11月号	11	2002_11_227.pdf
高周波信号の増幅	トランジスタ技術2002年12月号	12	2002_12_225.pdf
ディスクリートで作る高周波増幅回路	トランジスタ技術2003年1月号	10	2003_01_227.pdf
高周波増幅回路の負帰還技術	トランジスタ技術2003年2月号	8	2003_02_217.pdf
実装とプリント・パターン設計	トランジスタ技術2003年3月号	8	2003_03_227.pdf
これならわかる！インピーダンス・マッチングと分布定数	トランジスタ技術2003年8月号	11	2003_08_211.pdf
ようこそ！高周波の世界へ	トランジスタ技術2003年11月号	5	2003_11_118.pdf
付録CD-ROMに収録した高周波回路＆電磁界シミュレータの概要	トランジスタ技術2003年11月号	4	2003_11_123.pdf
高周波回路の設計に役立つ良書	トランジスタ技術2003年11月号	1	2003_11_274.pdf
50Ω/75Ω併存の理由	トランジスタ技術2004年7月号	2	2004_07_279.pdf
微弱無線局と電波法	トランジスタ技術2005年8月号	3	2005_08_245.pdf
無線機の免許証「技適マーク」取得への道	トランジスタ技術2007年11月号	5	2007_11_135.pdf
ディジタル変復調の実験	トランジスタ技術2007年11月号	8	2007_11_148.pdf
高周波はパターン設計が重要	トランジスタ技術2007年11月号	1	2007_11_162.pdf
低コストで無線データ通信を実現するには	トランジスタ技術2008年1月号	6	2008_01_208.pdf
電気信号の伝わり方と反射，特性インピーダンスを理解する	トランジスタ技術2009年12月号	7	2009_12_180.pdf
高速ディジタル時代に対応する回路設計手法	Design Wave Magazine 2001年2月号	21	dw2001_02_020.pdf
RF設計の参考書	Design Wave Magazine 2001年11月号	2	dw2001_11_070.pdf
高速システム設計における分布定数回路の考えかた	Design Wave Magazine 2003年9月号	8	dw2003_09_040.pdf
高速システム設計における線路損失の考えかた	Design Wave Magazine 2003年9月号	8	dw2003_09_048.pdf
電磁気学がおもしろくなる方法	Design Wave Magazine 2004年2月号	6	dw2004_02_119.pdf

記事タイトル	掲載号	ページ数	PDFファイル名
GHzの世界をビジュアライズ	Design Wave Magazine 2004年3月号	17	dw2004_03_020.pdf
配線の周りの電界と磁界	Design Wave Magazine 2004年3月号	8	dw2004_03_115.pdf
マクスウェル登場	Design Wave Magazine 2004年5月号	8	dw2004_05_131.pdf
ベクトルというハードルをクリアしよう	Design Wave Magazine 2004年7月号	8	dw2004_07_132.pdf
マクスウェルの方程式のすべて	Design Wave Magazine 2004年9月号	5	dw2004_09_120.pdf
空間を流れる？変位電流	Design Wave Magazine 2004年10月号	8	dw2004_10_142.pdf
空間という名の伝送線路	Design Wave Magazine 2004年11月号	8	dw2004_11_139.pdf
電磁界シミュレータで電波を描く	Design Wave Magazine 2005年1月号	8	dw2005_01_128.pdf
アンテナの近傍界・遠方界とEMI	Design Wave Magazine 2005年3月号	9	dw2005_03_088.pdf
900MHz帯RFIDタグのアンテナ	Design Wave Magazine 2005年4月号	9	dw2005_04_136.pdf
13.56MHz RFIDタグのしくみ	Design Wave Magazine 2005年5月号	8	dw2005_05_133.pdf
13.56MHz RFIDの実際	Design Wave Magazine 2005年6月号	8	dw2005_06_133.pdf
パソコンによるコイルの設計支援	Design Wave Magazine 2005年8月号	8	dw2005_08_091.pdf
電磁シールドのしくみ	Design Wave Magazine 2005年11月号	8	dw2005_11_079.pdf
電磁波吸収のしくみ	Design Wave Magazine 2005年12月号	8	dw2005_12_123.pdf
近傍界の電磁エネルギーを吸収する	Design Wave Magazine 2006年1月号	9	dw2006_01_119.pdf
人体と電磁波(その1)	Design Wave Magazine 2006年2月号	7	dw2006_02_091.pdf
人体と電磁波(その2)	Design Wave Magazine 2006年4月号	7	dw2006_04_087.pdf
誘電体を活用する	Design Wave Magazine 2006年5月号	8	dw2006_05_123.pdf
古くて新しい導波管に学ぶ	Design Wave Magazine 2006年6月号	8	dw2006_06_115.pdf
さまざまな伝送線路と導波管の電磁界	Design Wave Magazine 2006年8月号	8	dw2006_08_067.pdf
筐体内の電磁界とEMC問題(その1)	Design Wave Magazine 2006年9月号	8	dw2006_09_127.pdf
筐体内の電磁界とEMC問題(2)	Design Wave Magazine 2006年10月号	9	dw2006_10_123.pdf
システム設計と電磁気学	Design Wave Magazine 2006年12月号	8	dw2006_12_125.pdf

GHzの世界をビジュアライズ

(Design Wave Magazine 2004年3月号)

17ページ

　高速ディジタル・システムで起こる電磁干渉問題をビジュアル的に示し，問題発生のしくみを説明しています．線路や基板の構造に起因する信号劣化の原因や，部品実装や半導体パッケージへの影響を，シミュレーション結果を示しながら解説しています(図1)．

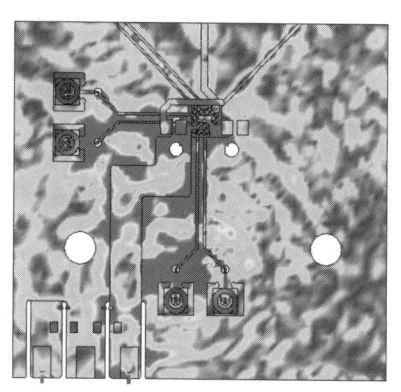

図1　部品を実装したプリント基板の表面電流強度分布

ようこそ！高周波の世界へ

(トランジスタ技術 2003年11月号)

5ページ

　特集「はじめての高周波回路設計」の導入記事です．高周波の定義から，高周波システムを構成するために必要な要素技術についてまとめられています．

低コストで無線データ通信を実現するには

(トランジスタ技術 2008年1月号)　**6ページ**

　無線を利用した機器を，手間を掛けずに低コストで作る方法を解説しています．専用メーカの無線モジュールを使う方法や，無線ICや無線モジュールの選択方法，仕様の決め方，信頼性を向上するために考えるべきことなどの説明があります．

連載 もう一度学ぶ電磁気学の世界

（Design Wave Magazine 2004年2月号～）

全81ページ

高周波回路を扱う上で重要になる電磁気学を分かりやすく解説することを目的とした連載です．

- **電磁気学がおもしろくなる方法**
  （2004年2月号，6ページ）

  電磁気学に興味を持つことを目的に，電気と磁気の関係を歴史的な話とともに紹介しています．

- **マクスウェル登場**（2004年5月号，8ページ）

  非接触型ICチップ「ミューチップ」（図2）に形成されたアンテナがL（インダクタ）であることを示し，そこで用いられている理論の一つとしてマクスウェルの電磁方程式（ファラデーの法則）を解説しています．

- **ベクトルというハードルをクリアしよう**
  （2004年7月号，8ページ）

  現代の電磁気学の教科書に登場するマクスウェルの方程式を扱う上で避けては通れないベクトル演算を解説しています．「ミューチップ」のシミュレーション例もあります．

- **マクスウェルの方程式のすべて**
  （2004年9月号，5ページ）

  マクスウェルの方程式のうち，クーロンの法則と単極磁荷の否定法則について解説しています．

- **空間を流れる？変位電流**
  （2004年10月号，8ページ）

  マクスウェルの方程式の意味について説明した後，それらとともに使われる構成関係式について解説しています．

  マクスウェルの故郷であるエディンバラについてのコラムもあります．

- **人体と電磁波（その1）**（2006年2月号，7ページ）
- **人体と電磁波（その2）**（2006年4月号，7ページ）

  2回にわたって，空間に共存している人間と電磁波のかかわりについて解説しています．人体を誘電体としてモデリングし，シミュレーションしているほか，電子レンジや非接触ICカードなどにおける電磁波の物質への作用の様子が示されています．

- **誘電体を活用する**（2006年5月号，8ページ）

  電磁波を伝える媒質と誘電率について説明した後，誘電体アンテナの構造や設計手法について解説しています．

- **古くて新しい導波管に学ぶ**
  （2006年6月号，8ページ）

  長い線路の問題（図3）をきっかけに「電界の走り」を説明した後，マイクロ波の電力伝送などで使われる導波管の内部の電界分布を，電磁界シミュレータによって可視化し，平行線路との違いを説明しています．

- **さまざまな伝送線路と導波管の電磁界**
  （2006年8月号，8ページ）

  導波管の内部の電磁界を詳しく解析しながら，導波管伝送路の特性を説明しています．導波管の発展の歴史についての話や，閉じ込められた電磁波の共振を利用したマイクロ波波長計の説明もあります．

- **システム設計と電磁気学**
  （2006年12月号，8ページ）

  システム設計の観点から連載の総まとめをしています．Sパラメータや伝達関数，ブラックボックスの考え方について説明しています．

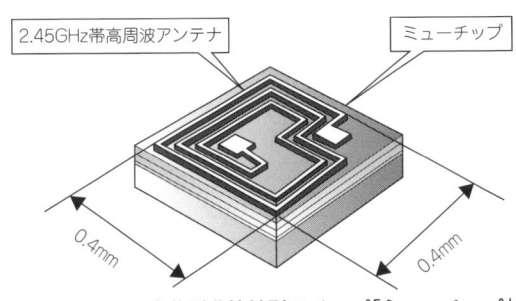

図2 アンテナ内蔵型非接触型ICチップ「ミューチップ」の外観

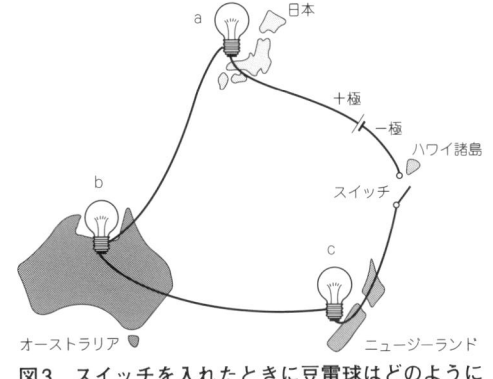

図3 スイッチを入れたときに豆電球はどのように点灯するか？

連載「高周波センスによるアナログ設計」

(トランジスタ技術 2002年3月号～)　**全64ページ**

高周波回路設計において，周波数にとらわれない設計技術を解説した連載です．

- 周波数にとらわれない設計センス
  (2002年3月号，10ページ)

  高周波設計を行う上で知っておくべき事項を整理しています．

- 電力伝送の基本テクニック「整合」
  (2002年4月号，8ページ)

  回路間やシステム間でエネルギーを効率良く受け渡すための考え方である「整合」についての解説です．効率良く電力を伝送する線路の設計についての具体的な説明もあります．

- 不整合時の伝送線路の信号のようす
  (2002年5月号，8ページ)

  伝送線路と不可の整合がとれていないときの伝送線路上の信号の振る舞いやインピーダンス不連続点が与える影響を示した後，不整合時の対処法について説明しています．

- インピーダンス変換(2002年6月号，9ページ)

  インピーダンス変換が必要な状況の例を示した後，周波数帯ごとに異なるさまざまなインピーダンス変換方法を解説しています．

- スミス・チャートを使いこなす①
  (2002年7月号，11ページ)

- スミス・チャートを使いこなす②
  (2002年8月号，8ページ)

  インピーダンスやアドミタンスをプロットすることで，回路や伝送線路の状態などを直感的に理解できるようになるスミス・チャートの使い方を2回にわたって説明しています．

- 高周波パラメータ(2002年9月号，10ページ)

  高周波回路で用いる部品の中でも，内部構造を表すデバイス・パラメータと，入出力特性を表す回路パラメータの二つについて，意味や利用法を解説しています．

微弱無線局と電波法

(トランジスタ技術 2005年8月号)　**3ページ**

無線モジュールを使うに当たって知っておくべき電波法の規制や免許制度，免許不要で使える微弱無線局の実用通信距離について説明しています．

無線機の免許証「技適マーク」取得への道

(トランジスタ技術 2007年11月号)　**5ページ**

小規模無線局を免許不要で運用する際に必要になる技術基準適合証明(技適マーク)と，製品として量産するための工事設計認証を取得するまでの体験記です．

ディジタル変復調の実験

(トランジスタ技術 2007年11月号)　**8ページ**

無線でデータ通信を行うための信号の扱い方の解説です．代表的な変調方式について説明したのち，最も簡単な回路構成で送受信を実現できるASK方式による変復調の実験を行っています(写真1)．

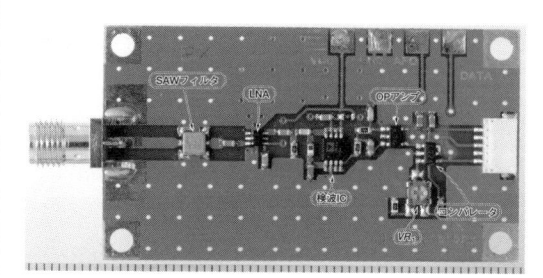

写真1　ASK送信機の基板

高速システム設計における分布定数回路の考えかた

（Design Wave Magazine 2003年9月号）
8ページ

　プリント基板上を数十Mbps以上で伝搬する信号を扱う高速ディジタル・システムを開発する際に必要な，分布定数回路や反射，クロストークの考え方について解説しています．

これならわかる！インピーダンス・マッチングと分布定数

（トランジスタ技術 2003年8月号）
11ページ

　数式を用いて説明されることが多いインピーダンス・マッチングと分布定数について，難しい数式をできるだけ使わないで説明しています．

高速システム設計における線路損失の考えかた

（Design Wave Magazine 2003年9月号）
8ページ

　数百Mbpsを超える信号において，表皮効果に起因する抵抗損と，基板材料の誘電正接に起因する誘電損が波形に及ぼす影響を解説しています．損失の計算方法や広いアイを確保するテクニックもあります．

電気信号の伝わり方と反射，特性インピーダンスを理解する

（トランジスタ技術 2009年12月号）
7ページ

　高周波回路設計における電気信号全般の基礎知識を，フリー・ソフトウェアを活用したシミュレーションや実験によって解説しています．

50Ω/75Ω併存の理由

（トランジスタ技術 2004年7月号）
2ページ

　高周波信号の伝送で使われる同軸ケーブルの特性インピーダンスのほとんどが50Ωか75Ωである理由について，同軸ケーブルの構造から説明しています．

私の本棚から

（トランジスタ技術 2001年6月号）
全6ページ

　「私の本棚から」と題した書評コーナです．無線通信や高周波回路設計関連では，以下の記事があります．
- アンテナ工学の良書
  （2001年6月号，1ページ）
- マイクロ波回路設計に関するおすすめの書
  （2001年11月号，1ページ）
- 高周波回路設計の良書
  （2002年6月号，1ページ）
- ディジタル変復調の良書
  （2002年9月号，1ページ）
- IC応用回路と低周波＆高周波回路設計の入門書
  （2002年10月号，1ページ）
- 高周波回路の設計に役立つ良書
  （2003年11月号，1ページ）

RF設計の参考書

（Design Wave Magazine 2001年11月号）
2ページ

　デバイス設計から実装までの知識を総合的に身に付ける際に役立つ書籍と，高周波/マイクロ波設計を行う際に役立つさまざまな計算式が掲載されている書籍を紹介しています．

- ●本書記載の社名，製品名について ── 本書に記載されている社名および製品名は，一般に開発メーカーの登録商標または商標です．なお，本文中ではTM，®，©の各表示を明記していません．
- ●本書掲載記事の利用についてのご注意 ── 本書掲載記事は著作権法により保護され，また産業財産権が確立されている場合があります．したがって，記事として掲載された技術情報をもとに製品化をするには，著作権者および産業財産権者の許可が必要です．また，掲載された技術情報を利用することにより発生した損害などに関して，CQ出版社および著作権者ならびに産業財産権者は責任を負いかねますのでご了承ください．
- ●本書付属のCD-ROMについてのご注意 ── 本書付属のCD-ROMに収録したプログラムやデータなどは著作権法により保護されています．したがって，特別の表記がない限り，本書付属のCD-ROMの貸与または改変，個人で使用する場合を除いて複写複製（コピー）はできません．また，本書付属のCD-ROMに収録したプログラムやデータなどを利用することにより発生した損害などに関して，CQ出版社および著作権者は責任を負いかねますのでご了承ください．
- ●本書に関するご質問について ── 文章，数式などの記述上の不明点についてのご質問は，必ず往復はがきか返信用封筒を同封した封書でお願いいたします．勝手ながら，電話でのお問い合わせには応じかねます．ご質問は著者に回送し直接回答していただきますので，多少時間がかかります．また，本書の記載範囲を越えるご質問には応じられませんので，ご了承ください．
- ●本書の複製等について ── 本書のコピー，スキャン，デジタル化等の無断複製は著作権法上での例外を除き禁じられています．本書を代行業者等の第三者に依頼してスキャンやデジタル化することは，たとえ個人や家庭内の利用でも認められておりません．

JCOPY 〈（社）出版者著作権管理機構委託出版物〉
本書の全部または一部を無断で複写複製（コピー）することは，著作権法上での例外を除き，禁じられています．本書からの複製を希望される場合は，（社）出版者著作権管理機構（TEL：03-3513-6969）にご連絡ください．

CD-ROM付き

本書に付属のCD-ROMは，図書館およびそれに準ずる施設において，館外へ貸し出すことはできません．

無線通信＆高周波設計記事全集 ［1800頁収録CD-ROM付き］

編　集	トランジスタ技術編集部	2015年6月1日　初版発行
発行人	寺前 裕司	2017年3月1日　第2版発行
発行所	CQ出版株式会社	©CQ出版株式会社 2015
	〒112-8619　東京都文京区千石4-29-14	（無断転載を禁じます）
電　話	編集 03-5395-2123	定価は裏表紙に表示してあります
	販売 03-5395-2141	乱丁，落丁本はお取り替えします

編集担当者　西野 直樹
DTP・印刷・製本　三晃印刷株式会社
表紙・扉・目次デザイン　近藤企画　近藤 久博
Printed in Japan

ISBN978-4-7898-4563-2